1+X 职业技能鉴定考核指导手册

钳 工

三 级

编审委员会

主　　任　　仇朝东

委　　员　　葛恒双　顾卫东　宋志宏　杨武星　孙兴旺

　　　　　　刘汉成　葛　玮

执行委员　　孙兴旺　张鸿樑　李　晔　瞿伟洁

图书在版编目（CIP）数据

钳工：三级/上海市职业技能鉴定中心组织编写. —北京：中国劳动社会保障出版社，2014

1＋X 职业技能鉴定考核指导手册

ISBN 978-7-5167-0346-5

Ⅰ.①钳… Ⅱ.①上… Ⅲ.①钳工-职业技能-鉴定-自学参考资料 Ⅳ.①TG9

中国版本图书馆 CIP 数据核字（2014）第 030780 号

中国劳动社会保障出版社出版发行

（北京市惠新东街1号 邮政编码：100029）

*

北京市艺辉印刷有限公司印刷装订 新华书店经销

787毫米×960毫米 16开本 9.5印张 178千字

2014年2月第1版 2022年11月第2次印刷

定价：21.00元

营销中心电话：400-606-6496

出版社网址：http://www.class.com.cn

前　言

　　职业资格证书制度的推行，对广大劳动者系统地学习相关职业的知识和技能，提高就业能力、工作能力和职业转换能力有着重要的作用和意义，也为企业合理用工以及劳动者自主择业提供了依据。

　　随着我国科技进步、产业结构调整以及市场经济的不断发展，特别是加入世界贸易组织以后，各种新兴职业不断涌现，传统职业的知识和技术也越来越多地融进当代新知识、新技术、新工艺的内容。为适应新形势的发展，优化劳动力素质，上海市人力资源和社会保障局在提升职业标准、完善技能鉴定方面做了积极的探索和尝试，推出了1＋X培训鉴定模式。1＋X中的1代表国家职业标准，X是为适应经济发展的需要，对职业的部分知识和技能要求进行的扩充和更新。

　　上海市1＋X的培训鉴定模式，得到了国家人力资源和社会保障部的肯定。为配合1＋X培训与鉴定考核的需要，使广大职业培训鉴定领域专家以及参加职业培训鉴定的考生对考核内容和具体考核要求有一个全面的了解，人力资源和社会保障部教材办公室、中国就业培训技术指导中心上海分中心、上海市职业技能鉴定中心联合组织有关方面的专家、技术人员共同编写了《1＋X职业技能鉴定考核指导手册》。该手册由"操作技能复习题"和"操作技能考核模拟试卷"两大块内容组成，书中介绍了题库的命题依据、试卷结构和题型题量，同时从上海市 1＋X 鉴定题库中抽取部分操作技能试题和模拟样卷供考生参考和练习，便于考生能够有针对性地进行考前复习准备。今后我们会随着国家职业标准以及鉴定题库的提升，逐步对手册内容进行补充和完善。

本系列手册在编写过程中，得到了有关专家和技术人员的大力支持，在此一并表示感谢。

由于时间仓促，缺乏经验，如有不足之处，恳请各使用单位和个人提出宝贵意见和建议。

1＋X 职业技能鉴定考核指导手册

编审委员会

目　录

CONTENTS　1＋X职业技能鉴定考核指导手册

钳工职业简介

一、职业名称

钳工。

二、职业定义

用钳工工具、量具、钻床等机械设备，按技术要求对零件进行加工、修整、装配、检测和调试的人员。

三、主要工作内容

钳工从事的工作主要包括：机械零件划线；工件刮削、研磨；操作台钻、立钻、摇臂钻等通用机械设备；机械设备的拆卸、安装、检测和调试；维护和保养钳工常用的工具、量具、夹具、仪器仪表及钳工设备，在使用过程中能排除出现的故障。

第1部分

钳工（三级）鉴定方案

一、鉴定方式

钳工（三级）鉴定方式采用现场实际操作、笔试方式进行。考核分为3个模块，均实行百分制，成绩皆达60分及以上者为合格。不及格者可按规定分模块补考。

二、操作技能考核方案

考核项目表

职业（工种）名称			钳 工	等级		三 级		
职业代码								
序号	项目名称	单元编号	单元内容	考核方式	选考方法	考核时间（min）	配分（分）	
1	测绘、机构	1	蜗杆轴测绘及机构	笔试	抽一	150	100	
		2	花键孔双联齿轮测绘及机构	笔试				
		3	花键轴测绘及机构	笔试				
		4	法兰盘测绘及机构	笔试				
		5	V带轮测绘及机构	笔试				
	工艺、夹具	1	铣床主轴工艺及夹具	笔试				
		2	转塔车床主轴工艺及夹具	笔试				
		3	镗床主轴轴组工艺及夹具	笔试				
		4	减速箱工艺及夹具	笔试				
		5	离心泵工艺及夹具	笔试				

续表

职业（工种）名称			钳　工		等级		三　级		
职业代码									
序号	项目名称	单元编号	单元内容		考核方式	选考方法	考核时间（min）		配分（分）
2	液压控制技术	1	弯板机构液压控制回路		操作	抽一	60		100
		2	钻床夹紧机构液压控制回路		操作				
		3	传送带移动装置液压控制回路		操作				
		4	金属屑自卸机构液压控制回路		操作				
		5	铝液汲取勺机构液压控制回路		操作				
		6	炉门开/关机构液压控制回路		操作				
		7	液压夹紧虎钳液压控制回路		操作				
		8	液压吊车液压控制回路		操作				
		9	车床进给机构液压控制回路		操作				
		10	刨床工作台运动机构液压控制回路		操作				
	气动控制技术	1	夹紧机构气动控制回路		操作				
		2	货物转运站气动控制回路		操作				
		3	送料机构气动控制回路		操作				
		4	气动压机气动控制回路		操作				
		5	组件黏合机构气动控制回路		操作				
		6	传送带移动装置气动控制回路		操作				
		7	气动夹紧虎钳气动控制回路		操作				
		8	钻床夹紧装置气动控制回路		操作				
		9	精压机气动控制回路		操作				
		10	弯板机构气动控制回路		操作				
3	操作技能	1	三棱定位组合件		操作	抽一	420		100
		2	圆弧角度组合件		操作				
		3	双联定位组合件		操作				
		4	双三角组合件		操作				
		5	三棱形组合件		操作				
		6	单槽角度组合件		操作				
合　　计							630		300
备注									

三、组卷（鉴定中心用）

一体化考核组卷

题库参数 项目/单元名称		考核方式	题库量	鉴定题量	配分（分）	考核时间 （min）
测绘、机构和工艺、夹具	测绘、机构	笔试	15	1	100	150
	工艺、夹具	笔试	15			
液压、气动控制技术	液压控制技术	操作	10	1	100	60
	气动控制技术	操作	10			
操作技能	钳工基本操作	操作	6	1	100	420
合　计		—	56	3	300	630

第 2 部分

操作技能复习题

测绘、机构

1.1.1-2 蜗杆轴（二）(考核时间：150 min)

一、试题单

1. 背景资料

蜗杆轴实物测绘件，其编号为 1.1.1。

2. 试题要求

(1) 机构与机械零件知识题

(2) 零件测绘

1) 根据实物零件绘制能直接进行生产的图样。

2) 实测尺寸应按标准的尺寸精度标注，偏差应按零件实际工作要求确定，同时应考虑经济性。

3) 表面粗糙度等级应按零件实际工作要求确定，同时应考虑经济性。

4) 图样上主要表面形位公差的标注不得少于 3 项。

5) 分析零件并提出合理的技术要求（选用材料、热处理等）。

二、答题卷

1. 机构与机械零件知识题

（1）是非辨析题（对√错×，错题需改正，每小题 3 分，共 6 分）

1）选用圆锥滚子为滚动体，则轴承既能承受轴向力，又能承受较大的径向力。（　　　）

改正：_____

2）蜗杆齿距不像梯形螺纹那样是整数，而是模数的 2.2 倍。（　　　）

改正：_____

（2）填空题（每空格 2 分，共 10 分）

1）蜗杆传动机构按蜗杆形状不同可分为_____、_____和

_____3 种。

2）蜗杆为主动件，蜗轮为从动件，圆周力 F_{t1} 方向与蜗杆在啮合节点上的圆周速度方向

_____，而圆周力 F_{t2} 方向与蜗轮在啮合节点上的圆周速度方向_____。

（3）分析题（14 分）

为了增加蜗轮减速器输出轴的转速，决定用双头蜗杆代替原来的单头蜗杆，请问原来的蜗轮是否可以继续使用？为什么？

2. 蜗杆轴零件测绘

三、评分表

序号	评价要素	配分	说明	结果记录	得分
1	草图绘制清晰、无遗漏	13	错、漏一处扣 5 分		
2	蜗杆模数确定正确	5	错误扣 5 分		
3	蜗杆主要参数、标注准确合理	8	错、漏一处扣 4 分		
4	实测尺寸圆整正确	3	错、漏一处扣 2 分		
5	公差等级选用合理	6	错、漏一处扣 2 分		
6	形位公差选用合理	8	错、漏一处扣 2 分		
7	形位公差标注规范	5	错、漏一处扣 2 分		
8	表面粗糙度等级选用合理	4	错、漏一处扣 2 分		
9	表面粗糙度标注规范	4	错、漏一处扣 2 分		
10	材料确定适当	3	错误扣 3 分		
11	技术要求内容合理、正确	8	错、漏一处扣 3 分		
12	基准选择合理、标注规范	3	错、漏一处扣 2 分		
13	机构与机械零件知识题	30			
	合　　计	100			

1.1.2-1　花键孔双联齿轮（一）（考核时间：150 min）

一、试题单

1. 背景资料

花键孔双联齿轮实物测绘件，其编号为 1.1.2。

2. 试题要求

（1）机构与机械零件知识题

（2）零件测绘

1）根据实物零件绘制能直接进行生产的图样。

2）实测尺寸应按标准的尺寸精度标注，偏差应按零件实际工作要求确定，同时应考虑经济性。

3）表面粗糙度等级应按零件实际工作要求确定，同时应考虑经济性。

4）图样上主要表面形位公差的标注不得少于 3 项。

5）分析零件并提出合理的技术要求（选用材料、热处理等）。

二、答题卷

1. 机构与机械零件知识题

（1）是非辨析题（对√错×，错题需改正，每小题 3 分，共 6 分）

1）标准直齿圆柱齿轮，其产生根切现象的最小齿数 $Z_{min}=20$。（　　）

改正：＿＿＿＿＿＿＿＿＿＿＿＿＿＿＿＿＿＿＿＿＿＿＿＿＿＿＿＿＿＿＿＿

2）渐开线齿廓上各点的压力角大小不相等，齿顶部分的压力角最小。（　　）

改正：＿＿＿＿＿＿＿＿＿＿＿＿＿＿＿＿＿＿＿＿＿＿＿＿＿＿＿＿＿＿＿＿

（2）填空题（每空格 2 分，共 10 分）

1）直齿圆柱齿轮的主要参数有＿＿＿＿＿＿＿、＿＿＿＿＿＿＿和＿＿＿＿＿＿等。

2）为防止凸轮机构的从动杆运动规律失真，从动杆滚子最小半径 r_g 与凸轮外凸部分的最小曲率半径 ρ_{min} 应满足＿＿＿＿＿＿＿、＿＿＿＿＿＿＿条件。

（3）分析题（14 分）

铣床的转速盘行星减速装置，已知各轮的齿数分别为 $Z_1=Z_2=17$，$Z_3=51$，求当手柄转过 90°时，转速盘 H 转过多少度？

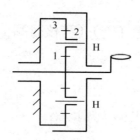

2. 花键孔双联齿轮零件测绘

三、评分表

序号	评价要素	配分	说明	结果记录	得分
1	草图绘制清晰、无遗漏	13	错、漏一处扣5分		
2	齿轮模数确定正确	5	错误扣5分		
3	齿轮主要参数、标注准确合理	8	错、漏一处扣4分		
4	实测尺寸圆整正确	3	错、漏一处扣2分		
5	公差等级选用合理	6	错、漏一处扣2分		
6	形位公差选用合理	8	错、漏一处扣2分		
7	形位公差标注规范	5	错、漏一处扣2分		
8	表面粗糙度等级选用合理	4	错、漏一处扣2分		
9	表面粗糙度标注规范	4	错、漏一处扣2分		
10	材料确定适当	3	错误扣3分		
11	技术要求内容合理、正确	8	错、漏一处扣3分		
12	基准选择合理、标注规范	3	错、漏一处扣2分		
13	机构与机械零件知识题	30			
	合　　计	100			

1.1.2-2　花键孔双联齿轮（二）（考核时间：150 min）

一、试题单

1. 背景资料

花键孔双联齿轮实物测绘件，其编号为 1.1.2。

2. 试题要求

（1）机构与机械零件知识题

（2）零件测绘

1）根据实物零件绘制能直接进行生产的图样。

2）实测尺寸应按标准的尺寸精度标注，偏差应按零件实际工作要求确定，同时应考虑经济性。

3）表面粗糙度等级应按零件实际工作要求确定，同时应考虑经济性。

4）图样上主要表面形位公差的标注不得少于 3 项。

5）分析零件并提出合理的技术要求（选用材料、热处理等）。

二、答题卷

1. 机构与机械零件知识题

（1）是非辨析题（对√错×，错题需改正，每小题 3 分，共 6 分）

1）变位齿轮的模数、压力角和齿数与标准齿轮完全相同。（　　）

改正：＿＿＿＿＿＿＿＿＿＿＿＿＿＿＿＿＿＿＿＿＿＿＿＿＿＿＿

2）渐开线齿型上任一点的法线必与分度圆相切。（　　）

改正：＿＿＿＿＿＿＿＿＿＿＿＿＿＿＿＿＿＿＿＿＿＿＿＿＿＿＿

（2）填空题（每空格 2 分，共 10 分）

1）斜齿轮的主要参数有＿＿＿＿＿＿＿＿＿、＿＿＿＿＿＿＿＿＿＿和＿＿＿＿＿＿＿＿＿＿＿＿等。

2）凸轮机构中，等速运动规律的位移曲线为＿＿＿＿＿＿，而等加速等减速运动规律的位移曲线为＿＿＿＿＿＿。

（3）分析题（14 分）

直齿圆柱齿轮传动，已知 $Z_1＝40$，$Z_2＝30$，$Z_3＝30$，$m_1＝3$，$m_3＝2.5$，求齿轮 4 的模数 m_4、齿数 Z_4 是多少？

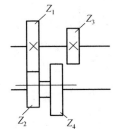

2. 花键孔双联齿轮零件测绘

三、评分表

序号	评价要素	配分	说明	结果记录	得分
1	草图绘制清晰、无遗漏	13	错、漏一处扣 5 分		
2	齿轮模数确定正确	5	错误扣 5 分		
3	齿轮主要参数、标注准确合理	8	错、漏一处扣 4 分		
4	实测尺寸圆整正确	3	错、漏一处扣 2 分		
5	公差等级选用合理	6	错、漏一处扣 2 分		
6	形位公差选用合理	8	错、漏一处扣 2 分		
7	形位公差标注规范	5	错、漏一处扣 2 分		
8	表面粗糙度等级选用合理	4	错、漏一处扣 2 分		
9	表面粗糙度标注规范	4	错、漏一处扣 2 分		
10	材料确定适当	3	错误扣 3 分		
11	技术要求内容合理、正确	8	错、漏一处扣 3 分		
12	基准选择合理、标注规范	3	错、漏一处扣 2 分		
13	机构与机械零件知识题	30			
	合　计	100			

1.1.3-1　花键轴（一）（考核时间：150 min）

一、试题单

1. 背景资料

花键轴实物测绘件，其编号为 1.1.3。

2. 试题要求

（1）机构与机械零件知识题

（2）零件测绘

1）根据实物零件绘制能直接进行生产的图样。

2）实测尺寸应按标准的尺寸精度标注，偏差应按零件实际工作要求确定，同时应考虑经济性。

3）表面粗糙度等级应按零件实际工作要求确定，同时应考虑经济性。

4）图样上主要表面形位公差的标注不得少于 3 项。

5）分析零件并提出合理的技术要求（选用材料、热处理等）。

二、答题卷

1. 机构与机械零件知识题

（1）是非辨析题（对√错×，错题需改正，每小题 3 分，共 6 分）

1）在矩形花键联接中，通常都采用齿侧定心，这主要是因为加工方便。（　　）

改正：_____

2）普通平键的截面尺寸 $b \times h$ 主要按轴径 d 从标准中选取。（　　）

改正：_____

（2）填空题（每空格 2 分，共 10 分）

1）轴按受载情况可分为：只承受弯曲载荷而不传递转矩的_____，只传递转矩而不承受或承受很小弯曲载荷的_____，既承受弯曲载荷又传递转矩的_____。

2）比较理想的蜗杆与蜗轮材料应分别是_____和_____。

（3）分析题（14 分）

某单键槽齿轮轴，转速 $n = 360$ r/min，传递功率 $P = 8$ kW，轴采用 45 钢经调质处理，材料估算系数 A 取 110，试用估算法求此轴直径 d。

2. 花键轴零件测绘

三、评分表

序号	评价要素	配分	说明	结果记录	得分
1	草图绘制清晰、无遗漏	13	错、漏一处扣 5 分		
2	花键键数、键宽确定正确	5	错、漏一处扣 5 分		
3	花键轴小径 d、大径 D 标注正确	8	错、漏一处扣 4 分		
4	实测尺寸圆整正确	3	错、漏一处扣 2 分		
5	公差等级选用合理	6	错、漏一处扣 2 分		
6	形位公差选用合理	8	错、漏一处扣 2 分		
7	形位公差标注规范	5	错、漏一处扣 2 分		
8	表面粗糙度等级选用合理	4	错、漏一处扣 2 分		
9	表面粗糙度标注规范	4	错、漏一处扣 2 分		
10	材料确定适当	3	错误扣 3 分		
11	技术要求内容合理、正确	8	错、漏一处扣 3 分		

续表

序号	评价要素	配分	说明	结果记录	得分
12	基准选择合理、标注规范	3	错、漏一处扣2分		
13	机构与机械零件知识题	30	.		
	合　计	100			

1.1.3-2　花键轴（二）（考核时间：150 min）

一、试题单

1. 背景资料

花键轴实物测绘件，其编号为 1.1.3。

2. 试题要求

（1）机构与机械零件知识题

（2）零件测绘

1）根据实物零件绘制能直接进行生产的图样。

2）实测尺寸应按标准的尺寸精度标注，偏差应按零件实际工作要求确定，同时应考虑经济性。

3）表面粗糙度等级应按零件实际工作要求确定，同时应考虑经济性。

4）图样上主要表面形位公差的标注不得少于3项。

5）分析零件并提出合理的技术要求（选用材料、热处理等）。

二、答题卷

1. 机构与机械零件知识题

（1）是非辨析题（对√错×，错题需改正，每小题3分，共6分）

1）联轴器和离合器在运转时都可以分离或者接合。（　　）

改正：_____

2）一对渐开线直齿圆柱齿轮，只要压力角相等，就能做到正确啮合和传动平稳。（　　）

改正：_____

（2）填空题（每空格2分，共10分）

1）轴类零件的工作图应将_____、_____、_____等标注完整，并编写技术要求。

2) 差动位移螺旋机构中，要求从动杆作微量位移时，两段螺纹的旋向应_____，而作较大量位移时，两段螺纹的旋向应_____。

(3) 分析题（14 分）

一对齿轮传动，传递功率 $P = 20$ kW，主动轮 $n_1 = 800$ r/min，n_1 与 n_2 的传动比 $i = 5$，从动轴上有 2 个对称的键槽，材料为 35 钢，A 取 120，求从动轴轴径 d_2 是多少？

2. 花键轴零件测绘

三、评分表

序号	评价要素	配分	说明	结果记录	得分
1	草图绘制清晰、无遗漏	13	错、漏一处扣 5 分		
2	花键键数、键宽确定正确	5	错、漏一处扣 5 分		
3	花键轴小径 d、大径 D 标注正确	8	错、漏一处扣 4 分		
4	实测尺寸圆整正确	3	错、漏一处扣 2 分		
5	公差等级选用合理	6	错、漏一处扣 2 分		
6	形位公差选用合理	8	错、漏一处扣 2 分		
7	形位公差标注规范	5	错、漏一处扣 2 分		
8	表面粗糙度等级选用合理	4	错、漏一处扣 2 分		
9	表面粗糙度标注规范	4	错、漏一处扣 2 分		
10	材料确定适当	3	错误扣 3 分		
11	技术要求内容合理、正确	8	错、漏一处扣 3 分		
12	基准选择合理、标注规范	3	错、漏一处扣 2 分		
13	机构与机械零件知识题	30			
	合　　计	100			

1.1.4-1　法兰盘（一）（考核时间：150 min）

一、试题单

1. 背景资料

法兰盘实物测绘件，其编号为 1.1.4。

2. 试题要求

(1) 机构与机械零件知识题

（2）零件测绘

1）根据实物零件绘制能直接进行生产的图样。

2）实测尺寸应按标准的尺寸精度标注，偏差应按零件实际工作要求确定，同时应考虑经济性。

3）表面粗糙度等级应按零件实际工作要求确定，同时应考虑经济性。

4）图样上主要表面形位公差的标注不得少于 3 项。

5）分析零件并提出合理的技术要求（选用材料、热处理等）。

二、答题卷

1. 机构与机械零件知识题

（1）是非辨析题（对√错×，错题需改正，每小题 3 分，共 6 分）

1）同一公称直径的普通螺纹中，粗牙螺纹比细牙螺纹的升角小。（　　）

改正：_____

2）螺纹副的自锁条件是螺纹升角大于或等于摩擦角。（　　）

改正：_____

（2）填空题（每空格 2 分，共 10 分）

1）法兰盘零件的工作图应将_____、_____、_____等标注完整，并编写技术要求。

2）蜗杆传动中，当蜗轮 $Z_2=60$，蜗杆转一转时，蜗轮转过 2 牙，则该蜗杆副的传动比 $i_{12}=$___，蜗杆头数 $Z_1=$___。

（3）分析题（14 分）

什么是螺纹联接的松联接？请写出设计计算时小径 d_1 的确定公式，并说明公式内各符号的含义。

2. 法兰盘零件测绘

三、评分表

序号	评价要素	配分	说明	结果记录	得分
1	草图绘制清晰、无遗漏	15	错、漏一处扣 5 分		
2	实测尺寸圆整正确	5	错、漏一处扣 2 分		
3	公差等级选用合理	5	错、漏一处扣 2 分		

续表

序号	评价要素	配分	说明	结果记录	得分
4	形位公差选用合理	10	错、漏一处扣5分		
5	形位公差标注规范	5	错、漏一处扣2分		
6	表面粗糙度等级选用合理	5	错、漏一处扣2分		
7	表面粗糙度标注规范	5	错、漏一处扣1分		
8	材料确定适当	5	错误扣5分		
9	技术要求内容合理、正确	10	错、漏一处扣5分		
10	基准选择合理、标注规范	5	错、漏一处扣3分		
11	机构与机械零件知识题	30			
合　计		100			

1.1.4-2　法兰盘（二）（考核时间：150 min）

一、试题单

1. 背景资料

法兰盘实物测绘件，其编号为1.1.4。

2. 试题要求

（1）机构与机械零件知识题

（2）零件测绘

1）根据实物零件绘制能直接进行生产的图样。

2）实测尺寸应按标准的尺寸精度标注，偏差应按零件实际工作要求确定，同时应考虑经济性。

3）表面粗糙度等级应按零件实际工作要求确定，同时应考虑经济性。

4）图样上主要表面形位公差的标注不得少于3项。

5）分析零件并提出合理的技术要求（选用材料、热处理等）。

二、答题卷

1. 机构与机械零件知识题

（1）是非辨析题（对√错×，错题需改正，每小题3分，共6分）

1）双头螺柱联接主要用于被联接件之一太厚、不便穿孔，且经常拆卸的螺纹联接场合。（　　）

改正：_____

2）同一公称直径的普通螺纹中，螺距大小与螺纹升角成正比。（　　）

改正：_____

（2）填空题（每空格 2 分，共 10 分）

1）法兰盘材料常选用_____，热处理采用_____，硬度为_____。

2）定位圆柱销是采用_____配合固定在内孔之中，常用偏差代号有_____种，以满足不同的要求。

（3）分析题（14 分）

一对直齿圆柱齿轮传动，发现甲轮丢失，现测得乙轮齿顶圆 $d_{a2} = 80$ mm，齿数 $Z_2 = 30$，两轮中心距 $a = 137.5$ mm，甲轮需补做 1 个，则齿坯直径 d_{a1} 是多少？模数 m_1 和齿数 Z_1 各为多少？

2．法兰盘零件测绘

三、评分表

序号	评价要素	配分	说明	结果记录	得分
1	草图绘制清晰、无遗漏	15	错、漏一处扣 5 分		
2	实测尺寸圆整正确	5	错、漏一处扣 2 分		
3	公差等级选用合理	5	错、漏一处扣 2 分		
4	形位公差选用合理	10	错、漏一处扣 5 分		
5	形位公差标注规范	5	错、漏一处扣 2 分		
6	表面粗糙度等级选用合理	5	错、漏一处扣 2 分		
7	表面粗糙度标注规范	5	错、漏一处扣 1 分		
8	材料确定适当	5	错误扣 5 分		
9	技术要求内容合理、正确	10	错、漏一处扣 5 分		
10	基准选择合理、标注规范	5	错、漏一处扣 3 分		
11	机构与机械零件知识题	30			
	合　计	100			

1.1.5－1　V 带轮（一）（考核时间：150 min）

一、试题单

1. 背景资料

V 带轮实物测绘件，其编号为 1.1.5。

2. 试题要求

（1）机构与机械零件知识题

（2）零件测绘

1）根据实物零件绘制能直接进行生产的图样。

2）实测尺寸应按标准的尺寸精度标注，偏差应按零件实际工作要求确定，同时应考虑经济性。

3）表面粗糙度等级应按零件实际工作要求确定，同时应考虑经济性。

4）图样上主要表面形位公差的标注不得少于 3 项。

5）分析零件并提出合理的技术要求（选用材料、热处理等）。

二、答题卷

1. 机构与机械零件知识题

（1）是非辨析题（对√错×，错题需改正，每小题 3 分，共 6 分）

1）为了提高带速并减小所传递的圆周力，在传动装置中，一般把带传动放在传动装置的低速级。（　　）

改正：_____

2）当传动比 $i \neq 1$ 时，两轮中心距越大，则小带轮的包角 α 也越大。（　　）

改正：_____

（2）填空题（每空格 2 分，共 10 分）

1）普通 V 带传动的失效形式主要有：当带传动过载时，带在小带轮上_____；带在变应力下工作，应力循环次数达到一定程度时，带会产生_____；带是靠摩擦力传动的，带会发生_____。

2）国标规定，标准齿轮的压力角 α＝_____，位置在_____圆上。

（3）分析题（14 分）

V 带传动，输入轮转速 $n_1 = 1\,500$ r/min，主动轮直径 $d_1 = 150$ mm，要求输出轮 $n_2 = 500$ r/min 时，则从动轮直径 d_2 是多少？当两轮中心距 $a = 900$ mm，则包角 α 为多少？是否合理（要求 $\alpha \geqslant 120°$）？

2. V 带轮零件测绘

三、评分表

序号	评价要素	配分	说明	结果记录	得分
1	草图绘制清晰、无遗漏	13	错、漏一处扣 5 分		
2	带轮的轮槽数、轮槽角确定正确	5	错、漏一处扣 5 分		
3	带轮的基准直径、外径确定准确	8	错、漏一处扣 4 分		
4	实测尺寸圆整正确	3	错、漏一处扣 2 分		
5	公差等级选用合理	6	错、漏一处扣 2 分		
6	形位公差选用合理	8	错、漏一处扣 2 分		
7	形位公差标注规范	5	错、漏一处扣 2 分		
8	表面粗糙度等级选用合理	4	错、漏一处扣 2 分		
9	表面粗糙度标注规范	4	错、漏一处扣 2 分		
10	材料确定适当	3	错误扣 3 分		
11	技术要求内容合理、正确	8	错、漏一处扣 3 分		
12	基准选择合理、标注规范	3	错、漏一处扣 2 分		
13	机构与机械零件知识题	30			
	合　　计	100			

1.1.5-2　V 带轮（二）（考核时间：150 min）

一、试题单

1. 背景资料

V 带轮实物测绘件，其编号为 1.1.5。

2. 试题要求

（1）机构与机械零件知识题

（2）零件测绘

1）根据实物零件绘制能直接进行生产的图样。

2）实测尺寸应按标准的尺寸精度标注，偏差应按零件实际工作要求确定，同时应考虑经济性。

3) 表面粗糙度等级应按零件实际工作要求确定，同时应考虑经济性。

4) 图样上主要表面形位公差的标注不得少于 3 项。

5) 分析零件并提出合理的技术要求（选用材料、热处理等）。

二、答题卷

1. 机构与机械零件知识题

(1) 是非辨析题（对√错×，错题需改正，每小题 3 分，共 6 分）

1) 为保证 V 带与带轮接触良好，带轮轮槽角 ϕ 应该是 40°。（　　）

改正：＿＿＿＿＿＿＿＿＿＿＿＿＿＿＿＿＿＿＿＿＿＿＿＿

2) 调心轴承在有要求的一端安装，则可起到调正作用。（　　）

改正：＿＿＿＿＿＿＿＿＿＿＿＿＿＿＿＿＿＿＿＿＿＿＿＿

(2) 填空题（每空格 2 分，共 10 分）

1) V 带型号的选用原则是依据＿＿＿＿＿＿＿＿和＿＿＿＿＿＿。

2) 带传动是一种应用很广的传动机构，它通过＿＿＿＿＿＿＿＿与＿＿＿＿＿＿间的＿＿＿＿＿＿＿＿来传递运动和动力。

(3) 分析题（14 分）

带传动中，带的速度、传递的功率以及传递的圆周力之间存在怎样的关系？

2. V 带轮零件测绘

三、评分表

序号	评价要素	配分	说明	结果记录	得分
1	草图绘制清晰、无遗漏	13	错、漏一处扣 5 分		
2	带轮的轮槽数、轮槽角确定正确	5	错、漏一处扣 5 分		
3	带轮的基准直径、外径确定准确	8	错、漏一处扣 4 分		
4	实测尺寸圆整正确	3	错、漏一处扣 2 分		
5	公差等级选用合理	6	错、漏一处扣 2 分		
6	形位公差选用合理	8	错、漏一处扣 2 分		
7	形位公差标注规范	5	错、漏一处扣 2 分		
8	表面粗糙度等级选用合理	4	错、漏一处扣 2 分		
9	表面粗糙度标注规范	4	错、漏一处扣 2 分		

续表

序号	评价要素	配分	说明	结果记录	得分
10	材料确定适当	3	错误扣3分		
11	技术要求内容合理、正确	8	错、漏一处扣3分		
12	基准选择合理、标注规范	3	错、漏一处扣2分		
13	机构与机械零件知识题	30			
	合　计	100			

工艺、夹具

1.2.1-1　铣床主轴部件工艺编制及固定式钻夹具分析（考核时间：150 min）

一、试题单

1. 背景资料

（1）铣床主轴部件零件图（图号：1.2.1-1A）

（2）固定式钻夹具装配图（图号：1.2.1-1B）

（3）隔圈零件图（图号：1.2.1-1C）

2. 试题要求

（1）编制铣床主轴部件装配工艺

提示：

1）装配工艺应包括装配准备、零件装入联接、装备选用和装配过程中检验及调整的方法。

2）工艺编制应做到保证和提高装配精度，并达到经济、高效的目的。

3）装配工艺以工序为单位，重要工序细化到工步。

（2）工艺知识题

（3）固定式钻夹具分析

提示：

1）仔细识读、分析固定式钻夹具图样和文字说明。

2）按题目要求正确答题。

3）工序内容：钻、铰 $\phi 10H7$ 孔。

钳工（三级）"工艺、夹具"模块试卷

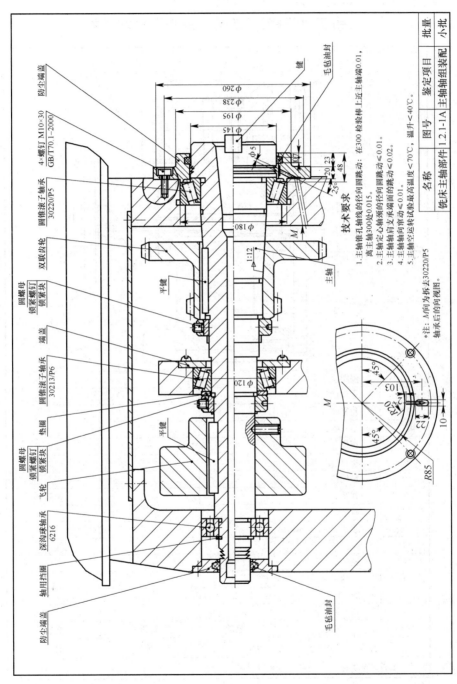

技术要求

1. 主轴锥孔轴线的径向圆跳动：在300检验棒上近主轴端0.01，离主轴300处0.015。
2. 主轴定心轴颈的径向圆跳动≤0.015。
3. 主轴前支承端面的跳动≤0.02。
4. 主轴的轴向窜动≤0.01。
5. 主轴空转试验最高温度≤70℃，温升＜40℃。

※注：M向为拆去30220/P5 轴承后的向视图。

名称		图号	批量
铣床主轴部件	鉴定项目	1.2.1-1A	小批
	主轴轴组装配		

钳工（三级）"工艺、夹具"模块试卷

15	隔圈	1		
14	定位键	1		
13	拉紧螺杆	1		
12	定位螺钉	1		
11	压板	1		
10	螺钉	1		
9	钻模体	1		
8	弹簧	1		
7	拉紧螺母	1		
6	手柄	1		
5	垫圈	1		
4	钻模板	1		
3	锥销	2		
2	螺钉	2		
1	快换钻、铰套	1		
序号	名称	数量	材料	备注
名称		图号	鉴定项目	时限
固定式钻夹具		1.2.1-1B	夹具	60 min

钳工（三级）"工艺、夹具"模块试卷

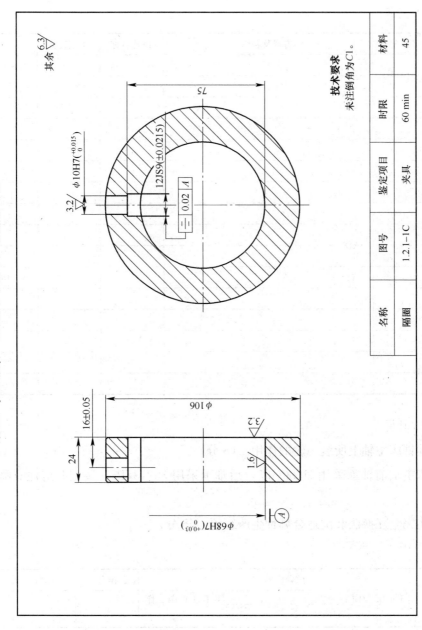

技术要求

未注倒角为C1。

名称	图号	鉴定项目	时限	材料
隔圈	1.2.1-1C	夹具	60 min	45

二、答题卷

1. 装配工艺卡

工序号	工步号	内容及名称	设备名称	工艺装备	工时定额

2. 工艺知识题

（1）简述铣床主轴上所装飞轮的作用。（5分）

（2）铣床主轴前轴承采用30220/P5，后轴承采用30213/P6，装配时应注意哪些问题？（5分）

（3）简述完全互换法装配适合哪种生产纲领。（5分）

3. 夹具分析

序号	试题内容	配分	扣分	得分
1	工件的定位面是_____、_____、_____，在工件图上作出定位标记	6		

续表

序号	试题内容	配分	扣分	得分
2	夹具的定位元件为_____，消除_____个自由度；_____，消除_____个自由度；_____，消除_____个自由度	6		
3	件 14 定位键的宽度为_____	2		
4	工件的夹紧位置在_____，在工件图上作出标记	4		
5	夹具采用的夹紧机构的形式为_____，其特点是_____	4		
6	件 1 的作用是_____，该元件常用_____材料制造	2		
7	为了减少安装、夹紧工件的辅助时间，你对件 11 压板有什么设想？在下面空白处画出其简图	6		
	合　　计	30		

压板简图：

三、评分表

序号	评价要素	配分	说明	结果记录	得分
1	工艺顺序合理	12	错、漏一处扣 5 分		
2	工艺内容适当	12	错、漏一处扣 5 分		
3	零件检查方法正确	8	错、漏一处扣 5 分		
4	装配符合技术要求	8	错、漏一处扣 2 分		
5	工艺装备选择适当	5	错、漏一处扣 2 分		

续表

序号	评价要素	配分	说明	结果记录	得分
6	设备选用适当	5	错、漏一处扣2分		
7	工序工时合理	5	错、漏一处扣2分		
8	工艺知识题	15			
9	夹具分析	30			
	合　　计	100			

1.2.1-2　铣床主轴部件工艺编制及滑柱式钻夹具分析（考核时间：150 min）

一、试题单

1. 背景资料

（1）铣床主轴部件零件图（图号：1.2.1-2A）

（2）滑柱式钻夹具装配图（图号：1.2.1-2B）

（3）拨叉零件图（图号：1.2.1-2C）

2. 试题要求

（1）编制铣床主轴部件装配工艺

提示：

1）装配工艺应包括装配准备、零件装入联接、装备选用和装配过程中检验及调整的方法。

2）工艺编制应做到保证和提高装配精度，并达到经济、高效的目的。

3）装配工艺以工序为单位，重要工序细化到工步。

（2）工艺知识题

（3）滑柱式钻夹具分析

提示：

1）仔细识读、分析滑柱式钻夹具图样和文字说明。

2）按题目要求正确答题。

3）工序内容：钻、铰 $\phi 20H7$ 孔。

钳工（三级）"工艺、夹具"模块试卷

毛毡油封　防尘端盖　键　4×螺钉 M10×30 GB/T70.1—2000　圆锥滚子轴承 30220/P5　双联齿轮　圆螺母　圆螺钉　锁紧螺钉　锁紧块　端盖　平键　圆锥滚子轴承 30213/P6　垫圈　圆螺母　圆螺钉　锁紧螺钉　锁紧块　平键　飞轮　深沟球轴承 6216　轴用挡圈　防尘端盖　毛毡油封　主轴

φ260　φ238　φ195　φ145　φ5　φ180　φ120　1:12　20　23　48　25°　M

技术要求

1. 主轴锥孔线的径向圆跳动：在 300 检验棒上近主轴端 0.01，离主轴 300 处 0.015。
2. 主轴定心轴颈的径向圆跳动 ≤0.01。
3. 主轴前支承端面的跳动 ≤0.02。
4. 主轴轴向窜动 ≤0.01。
5. 主轴空转运转试验最高温度 <70℃，温升 <40℃。

*注：M 向为拆去主 30220/P5 轴承后的向视图。

45°　45°　103　R20　φ2　R170　10-　φ12

名称	铣床主轴部件	图号	1.2.1-2A	主轴轴组装配
		鉴定项目	主轴轴组装配	
		批量	小批	

钳工（三级）"工艺、夹具"模块试卷

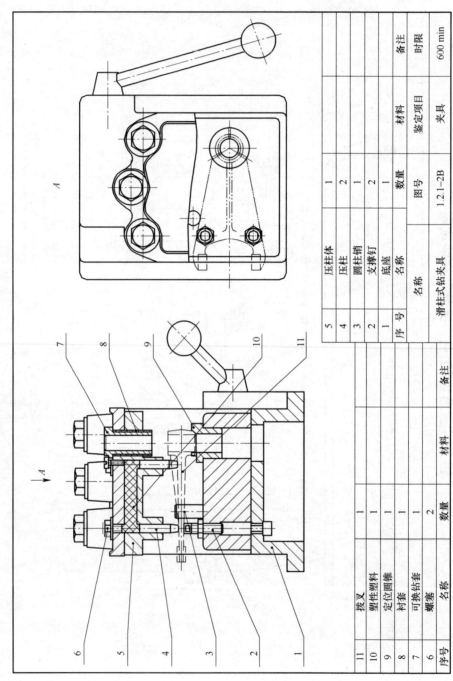

序号	名称	数量	图号	材料	备注
5	压柱体	1			
4	压柱	2			
3	圆柱销	1			
2	支撑钉	2			
1	底座	1			
序号	名称	数量	图号	材料	备注
滑柱式钻模夹具			1.2.1-2B		
鉴定项目			夹具		
					时限
					600 min

序号	名称	数量	材料	备注
11	拨叉	1		
10	塑性塑料	1		
9	定位圆锥	1		
8	衬套	1		
7	可换钻套	1		
6	螺塞	2		

钳工（三级）"工艺、夹具"模块试卷

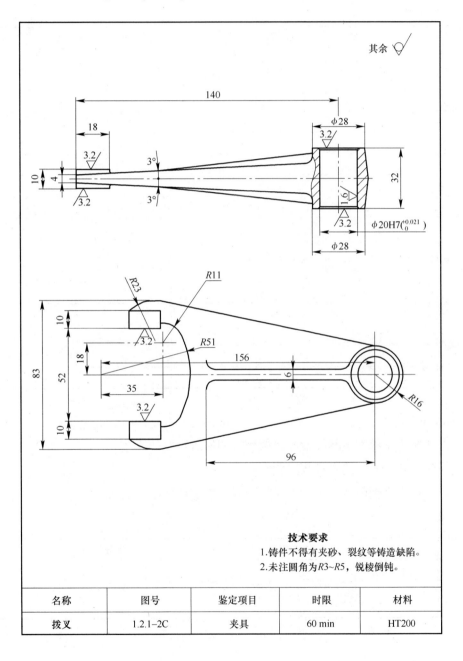

其余 ▽

技术要求
1. 铸件不得有夹砂、裂纹等铸造缺陷。
2. 未注圆角为 R3~R5，锐棱倒钝。

名称	图号	鉴定项目	时限	材料
拨叉	1.2.1–2C	夹具	60 min	HT200

二、答题卷

1. 装配工艺卡

工序号	工步号	内容及名称	设备名称	工艺装备	工时定额

2. 工艺知识题

（1）卧式铣床主轴轴承间隙分两次调整，如何进行？（5分）

（2）飞轮在装配时应注意哪些问题？（5分）

（3）卧式铣床主轴前后轴承在工作时受温升影响会发生什么情况？（5分）

3. 夹具分析

序号	试题内容	配分	扣分	得分
1	工件的定位面是_____、_____、_____，在工件图上作出定位标记	6		

续表

序号	试题内容	配分	扣分	得分
2	夹具的定位元件为＿＿＿＿＿＿＿＿，消除＿＿个自由度；＿＿＿＿＿＿＿，消除＿＿＿＿个自由度；＿＿＿＿＿＿＿，消除＿＿＿＿个自由度	6		
3	件 6 螺塞的作用是＿＿＿＿＿＿＿＿＿	2		
4	工件的夹紧位置在＿＿＿＿＿＿＿＿＿，在工件图上作出标记	4		
5	夹具采用的夹紧机构的形式为＿＿＿＿＿＿＿＿＿，其特点是＿＿＿＿＿＿＿＿＿＿＿＿＿＿＿＿＿＿＿＿＿＿＿＿＿＿＿	4		
6	件 7 的作用是＿＿＿＿＿＿＿＿，该元件常用＿＿＿＿材料制造	2		
7	画出件 7 可换钻套的简图	6		
	合　　计	30		

可换钻套的简图：

三、评分表

序号	评价要素	配分	说明	结果记录	得分
1	工艺顺序合理	12	错、漏一处扣 5 分		
2	工艺内容适当	12	错、漏一处扣 5 分		
3	零件检查方法正确	8	错、漏一处扣 5 分		
4	装配符合技术要求	8	错、漏一处扣 2 分		
5	工艺装备选择适当	5	错、漏一处扣 2 分		

续表

序号	评价要素	配分	说明	结果记录	得分
6	设备选用适当	5	错、漏一处扣2分		
7	工序工时合理	5	错、漏一处扣2分		
8	工艺知识题	15			
9	夹具分析	30			
合　计		100			

1.2.2-1　转塔车床主轴工艺编制及过渡套径向孔钻夹具分析（考核时间：150 min）

一、试题单

1. 背景资料

（1）转塔车床主轴零件图（图号：1.2.2-1A）

（2）过渡套径向孔钻夹具装配图（图号：1.2.2-1B）

（3）过渡套零件图（图号：1.2.2-1C）

2. 试题要求

（1）编制转塔车床主轴装配工艺

提示：

1）装配工艺应包括装配准备、零件装入联接、装备选用和装配过程中检验及调整的方法。

2）工艺编制应做到保证和提高装配精度，并达到经济、高效的目的。

3）装配工艺以工序为单位，重要工序细化到工步。

（2）工艺知识题

（3）过渡套径向孔钻夹具分析

提示：

1）仔细识读、分析过渡套径向孔钻夹具图样和文字说明。

2）按题目要求正确答题。

3）工序内容：钻 $\phi5H9$ 孔。

钳工（三级）"工艺、夹具"模块试卷

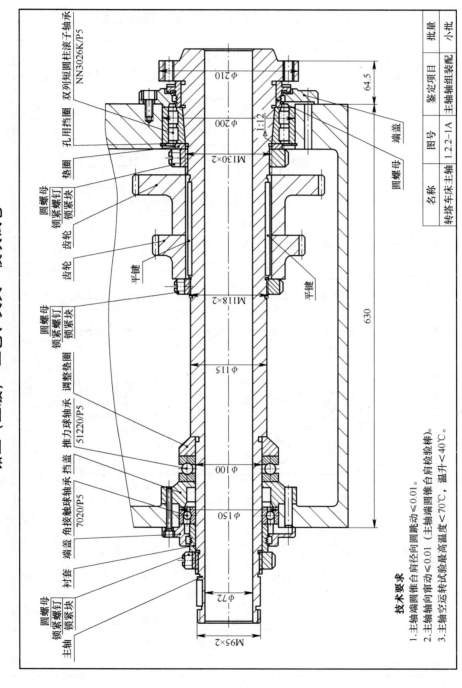

名称	图号	鉴定项目	批量
转塔车床主轴	1.2.2-1A	主轴组组装配	小批

技术要求

1. 主轴前端圆锥台肩径向圆跳动≤0.01。
2. 主轴向窜动≤0.01（主轴端圆锥台肩检验验棒）。
3. 主轴空转转试验最高温度＜70℃，温升＜40℃。

钳工（三级）"工艺、夹具"模块试卷

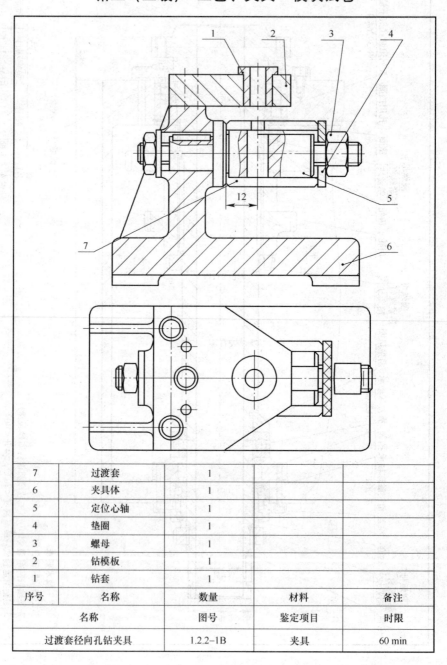

7	过渡套	1		
6	夹具体	1		
5	定位心轴	1		
4	垫圈	1		
3	螺母	1		
2	钻模板	1		
1	钻套	1		
序号	名称	数量	材料	备注
名称		图号	鉴定项目	时限
过渡套径向孔钻夹具		1.2.2–1B	夹具	60 min

钳工（三级）"工艺、夹具"模块试卷

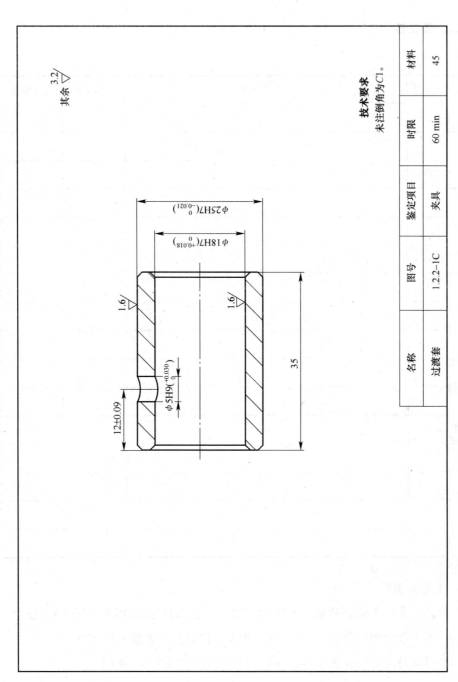

其余 $\sqrt{\dfrac{3.2}{}}$

$\phi 25H7({}_{-0.021}^{0})$

$\phi 18H7({}_{0}^{+0.018})$

$\phi 5H9({}_{0}^{+0.030})$

12 ± 0.09

35

1.6

1.6

技术要求

未注倒角为C1。

名称	图号	鉴定项目	时限	材料
过渡套	1.2.2-1C	夹具	60 min	45

二、答题卷

1. 装配工艺卡

工序号	工步号	内容及名称	设备名称	工艺装备	工时定额

2. 工艺知识题

（1）转塔车床主轴前后轴承采用 P5 级精度装配时应采取哪些措施？（5 分）

（2）主轴轴向窜动允差 0.01 mm 对相关零件有什么要求？（5 分）

（3）机床精度分别在热车和冷车调整时有什么要求？（5 分）

3. 夹具分析

序号	试题内容	配分	扣分	得分
1	工件的定位面是_____、_____、_____，在工件图上作出定位标记	6		
2	夹具的定位元件为_____，消除____个自由度；_____，消除____个自由度；_____，消除____个自由度	6		
3	件 2 钻模板与件 6 夹具体用_____定位，用_____连接	2		
4	工件的夹紧位置在_____，在工件图上作出标记	4		
5	夹具采用的夹紧机构的形式为_____，其特点是_____	4		
6	件 1 的作用是_____，该元件常用_____材料制造	2		
7	为了减少安装、夹紧工件的辅助时间，你对件 4 垫圈有什么设想？在下面空白处画出其简图	6		
	合　　计	30		

垫圈简图：

三、评分表

序号	评价要素	配分	说明	结果记录	得分
1	工艺顺序合理	12	错、漏一处扣 5 分		
2	工艺内容适当	12	错、漏一处扣 5 分		
3	零件检查方法正确	8	错、漏一处扣 5 分		
4	装配符合技术要求	8	错、漏一处扣 2 分		
5	工艺装备选择适当	5	错、漏一处扣 2 分		

续表

序号	评价要素	配分	说明	结果记录	得分
6	设备选用适当	5	错、漏一处扣 2 分		
7	工序工时合理	5	错、漏一处扣 2 分		
8	工艺知识题	15			
9	夹具分析	30			
	合　计	100			

1.2.2 - 2　转塔车床主轴工艺编制及翻转式钻夹具分析（考核时间：150 min）

一、试题单

1. 背景资料

（1）转塔车床主轴零件图（图号：1.2.2 - 2A）

（2）翻转式钻夹具装配图（图号：1.2.2 - 2B）

（3）多孔板零件图（图号：1.2.2 - 2C）

2. 试题要求

（1）编制转塔车床主轴装配工艺

提示：

1）装配工艺应包括装配准备、零件装入联接、装备选用和装配过程中检验及调整的方法。

2）工艺编制应做到保证和提高装配精度，并达到经济、高效的目的。

3）装配工艺以工序为单位，重要工序细化到工步。

（2）工艺知识题

（3）翻转式钻夹具分析

提示：

1）仔细识读、分析翻转式钻夹具图样和文字说明。

2）按题目要求正确答题。

3）工件上 $\phi28$、$\phi13$ 阶台孔、$\phi20^{+0.021}_{0}$ 孔已加工完成。

4）工序内容：钻其余各孔。

钳工（三级）"工艺、夹具"模块试卷

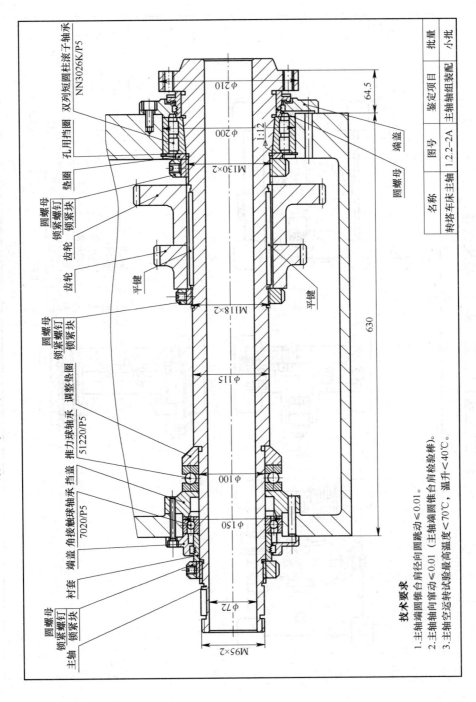

名称	图号	鉴定项目	批量
转塔车床主轴	1.2.2—2A	主轴组装配	小批

技术要求

1. 主轴端圆锥台径向肩跳动≤0.01。
2. 主轴端轴向窜动≤0.01（主轴端圆锥台肩检验棒）。
3. 主轴空转运转试验最高温度＜70℃，温升＜40℃。

钳工（三级）"工艺、夹具"模块试卷

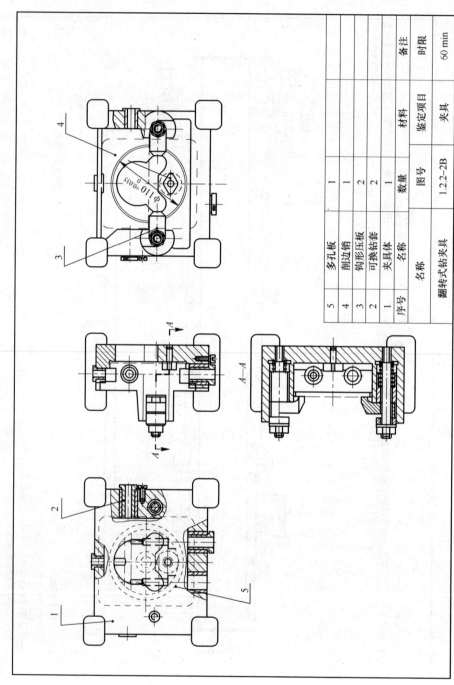

序号	名称	数量	备注
5	多孔板	1	
4	削边销	1	
3	钩形压板	2	
2	可换钻套	2	
1	夹具体	1	

名称	翻转式钻夹具	图号	1.2.2-2B	材料		鉴定项目	夹具	时限	50 min

钳工（三级）"工艺、夹具"模块试卷

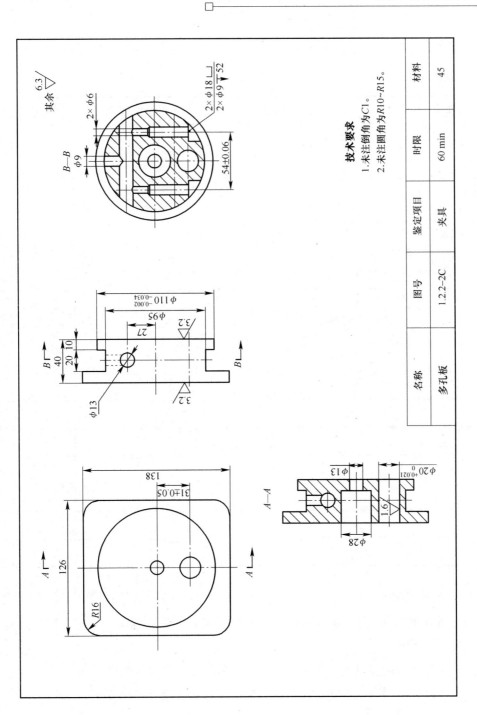

名称	图号	鉴定项目	时限	材料
多孔板	1.2.2-2C	夹具	60 min	45

技术要求

1.未注倒角为C1。

2.未注圆角为R10~R15。

二、答题卷

1. 装配工艺卡

工序号	工步号	内容及名称	设备名称	工艺装备	工时定额

2. 工艺知识题

（1）机床主轴空运转试验要控制三个温度（温升、最高温度、稳定温度），如何测量这三个温度？（5分）

（2）主轴轴向间隙过大，装配时针对相关零件应注意哪些问题？（5分）

（3）工件切削时产生振动，在机床主轴方面有哪些原因？（5分）

3. 夹具分析

序号	试题内容	配分	扣分	得分
1	工件的定位面是_____、_____、_____，在工件图上作出定位标记	6		
2	夹具的定位元件为_____，消除_____个自由度；_____，消除_____个自由度；_____，消除_____个自由度	6		
3	该夹具可以钻削工件_____个面上的孔	2		
4	工件的夹紧位置在_____，在工件图上作出标记	4		
5	夹具采用的夹紧机构的形式为_____，其特点是_____	4		
6	件 3 的作用是_____，该元件常用_____材料制造	2		
7	件 4 削边销在夹具上放置时，其长轴线应与两定位孔中心连线_____。在下方画出件 4 简图	6		
	合　　计	30		

削边销简图：

三、评分表

序号	评价要素	配分	说明	结果记录	得分
1	工艺顺序合理	12	错、漏一处扣 5 分		
2	工艺内容适当	12	错、漏一处扣 5 分		
3	零件检查方法正确	8	错、漏一处扣 5 分		
4	装配符合技术要求	8	错、漏一处扣 2 分		
5	工艺装备选择适当	5	错、漏一处扣 2 分		

续表

序号	评价要素	配分	说明	结果记录	得分
6	设备选用适当	5	错、漏一处扣2分		
7	工序工时合理	5	错、漏一处扣2分		
8	工艺知识题	15			
9	夹具分析	30			
	合　　计	100			

1.2.3-1　镗床主轴轴组工艺编制及滑柱式钻夹具分析（考核时间：150 min）

一、试题单

1. 背景资料

（1）镗床主轴轴组零件图（图号：1.2.3-1A）

（2）滑柱式钻夹具装配图（图号：1.2.3-1B）

（3）拨叉零件图（图号：1.2.3-1C）

2. 试题要求

（1）编制镗床主轴轴组装配工艺

提示：

1）装配工艺应包括装配准备、零件装入联接、装备选用和装配过程中检验及调整的方法。

2）工艺编制应做到保证和提高装配精度，并达到经济、高效的目的。

3）装配工艺以工序为单位，重要工序细化到工步。

（2）工艺知识题

（3）滑柱式钻夹具分析

提示：

1）仔细识读、分析滑柱式钻夹具图样和文字说明。

2）按题目要求正确答题。

3）工序内容：钻、铰 $\phi20H7$ 孔。

钳工（三级）"工艺、夹具"模块试卷

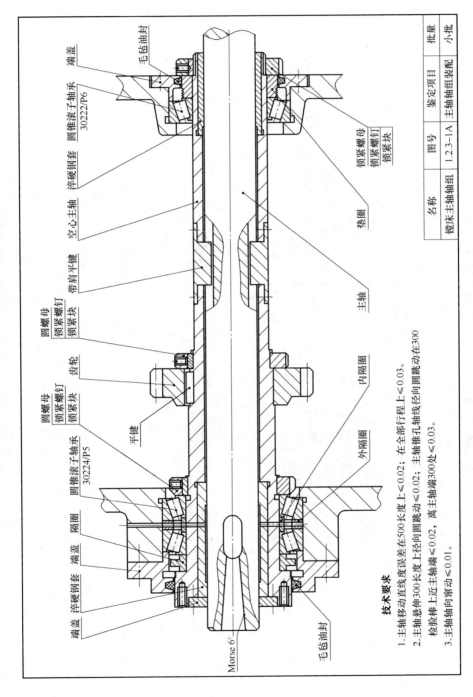

名称	图号	鉴定项目	批量
镗床主轴轴组	1.2.3－1A	主轴轴组装配	小批

端盖 毛毡油封
圆锥滚子轴承 30222/P6
锁紧螺母 锁紧螺钉 锁紧块
淬硬钢套
空心主轴
带肩平键
垫圈
主轴
圆螺母 锁紧螺钉 锁紧块
齿轮
平键
内隔圈
外隔圈
圆螺母 锁紧螺钉 锁紧块
圆锥滚子轴承 30224/P5
隔圈
端盖 淬硬钢套
端盖
毛毡油封
Morse 6#

技术要求

1. 主轴移动直线度误差在500长度上≤0.02；在全部行程上≤0.03。
2. 主轴悬伸300长度上径向圆跳动≤0.02；主轴锥孔轴线径向圆跳动在300
检验棒上近主轴端≤0.02，离主轴端300处≤0.03。
3. 主轴轴向窜动≤0.01。

钳工（三级）"工艺、夹具"模块试卷

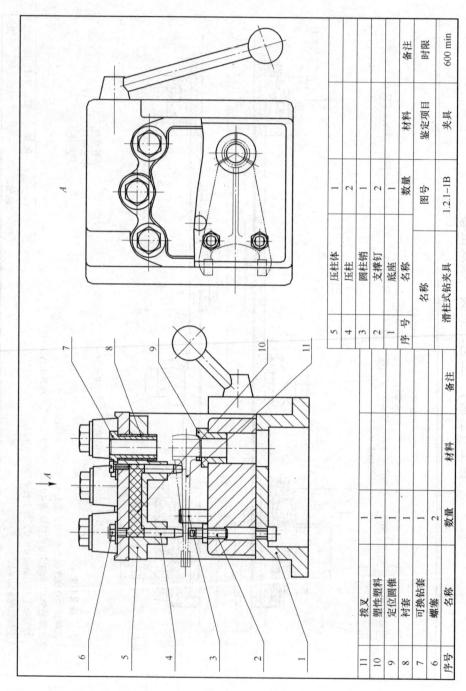

5	压柱体	1		备注
4	压柱	2		
3	圆柱销	1		
2	支撑钉	2		
1	底座	1		
序号	名称	数量	材料	
滑柱式钻夹具			鉴定项目	夹具
		图号	1.2.1-1B	
			时限	600 min

11	拨叉	1		备注
10	塑性塑料	1		
9	定位圆锥	1		
8	衬套	1		
7	可换钻套	1		
6	螺塞	2		
序号	名称	数量	材料	备注

钳工（三级）"工艺、夹具"模块试卷

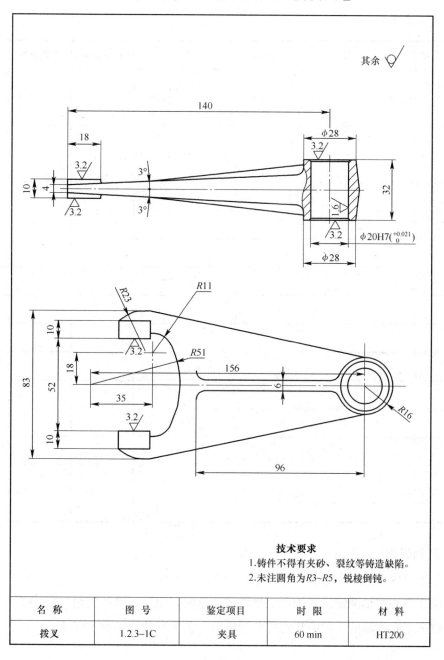

其余 ∇

技术要求
1. 铸件不得有夹砂、裂纹等铸造缺陷。
2. 未注圆角为R3~R5，锐棱倒钝。

名　称	图　号	鉴定项目	时　限	材　料
拨叉	1.2.3−1C	夹具	60 min	HT200

二、答题卷

1. 装配工艺卡

工序号	工步号	内容及名称	设备名称	工艺装备	工时定额

2. 工艺知识题

（1）工艺规程在生产中有什么作用？（5分）

（2）镗床空心主轴圆锥滚子轴承工作游隙调整时，应注意哪些问题？（5分）

（3）镗床空心主轴的装配应注意哪些问题？工艺上有什么措施？（5分）

3. 夹具分析

序号	试题内容	配分	扣分	得分
1	工件的定位面是_____、_____、_____，在工件图上作出定位标记	6		
2	夹具的定位元件为_____，消除_____个自由度；_____，消除_____个自由度；_____，消除_____个自由度	6		
3	件 6 螺塞的作用是_____	2		
4	工件的夹紧位置在_____，在工件图上作出标记	4		
5	夹具采用的夹紧机构的形式为_____，其特点是_____ _____	4		
6	件 7 的作用是_____，该元件常用_____材料制造	2		
7	画出件 7 可换钻套的简图	6		
	合　　计	30		

可换钻套的简图：

三、评分表

序号	评价要素	配分	说明	结果记录	得分
1	工艺顺序合理	12	错、漏一处扣 5 分		
2	工艺内容适当	12	错、漏一处扣 5 分		
3	零件检查方法正确	8	错、漏一处扣 5 分		
4	装配符合技术要求	8	错、漏一处扣 2 分		
5	工艺装备选择适当	5	错、漏一处扣 2 分		

续表

序号	评价要素	配分	说明	结果记录	得分
6	设备选用适当	5	错、漏一处扣2分		
7	工序工时合理	5	错、漏一处扣2分		
8	工艺知识题	15			
9	夹具分析	30			
	合　　计	100			

1.2.3-2 镗床主轴轴组工艺编制及连接法兰钻夹具分析（考核时间：150 min）

一、试题单

1. 背景资料

（1）镗床主轴轴组零件图（图号：1.2.3-2A）

（2）连接法兰钻夹具装配图（图号：1.2.3-2B）

（3）连接法兰零件图（图号：1.2.3-2C）

2. 试题要求

（1）编制镗床主轴轴组装配工艺

提示：

1）装配工艺应包括装配准备、零件装入联接、装备选用和装配过程中检验及调整的方法。

2）工艺编制应做到保证和提高装配精度，并达到经济、高效的目的。

3）装配工艺以工序为单位，重要工序细化到工步。

（2）工艺知识题

（3）连接法兰钻夹具分析

提示：

1）仔细识读、分析连接法兰钻夹具图样和文字说明。

2）按题目要求正确答题。

3）工序内容：钻 $\phi16H8$ 孔。

钳工（三级）"工艺、夹具"模块试卷

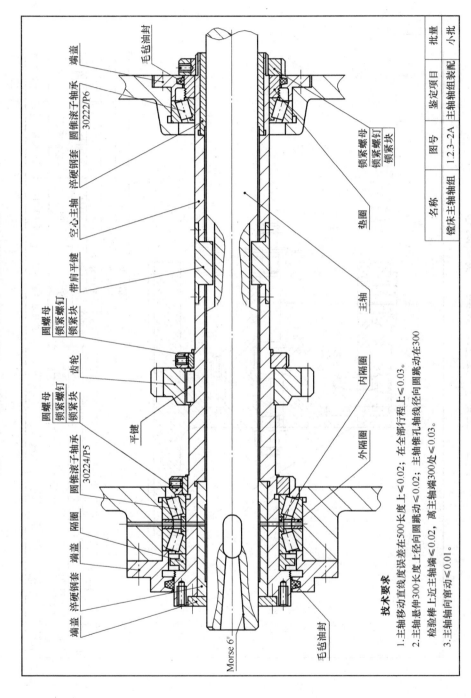

名称	图号	鉴定项目	批量
镗床主轴轴组	1.2.3—2A	主轴轴组装配	小批

技术要求

1. 主轴移动直线度误差在500长度上≤0.02；在全部行程上≤0.03。
2. 主轴悬伸300长度上径向圆跳动≤0.02；主轴锥孔轴线径向圆跳动在300检验棒上近主轴端≤0.02，离主轴端300处≤0.03。
3. 主轴轴向窜动≤0.01。

钳工（三级）"工艺、夹具"模块试卷

序号	名称	数量	图号	鉴定项目	备注
3	钻模板	1			
2	圆柱销	1			
1	削边销	1			
序号	名称	数量	图号	鉴定项目	时限
	连接法兰钻夹具		1.2.3-2B	夹具	60 min
	名称		材料		备注

序号	名称	数量	材料	备注
7	连接法兰	1		
6	螺母	1		
5	开口垫圈	1		
4	钻套	1		

钳工（三级）"工艺、夹具"模块试卷

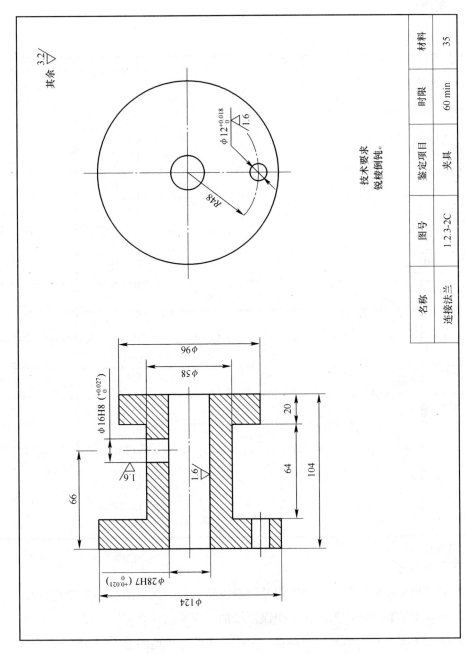

其余 3.2

技术要求
锐棱倒钝。

名称	图号	鉴定项目	时限	材料
连接法兰	1.2.3-2C	夹具	60 min	35

二、答题卷

1. 装配工艺卡

工序号	工步号	内容及名称	设备名称	工艺装备	工时定额

2. 工艺知识题

（1）精密角接触轴承装配时采用内外垫圈隔离，对隔离垫圈有哪些技术要求？（5分）

（2）镗床主轴装配时，为防止累积误差增加，应采取什么方法？（5分）

（3）卧式镗床空心主轴两淬硬钢套，装配时应注意哪些问题？（5分）

3. 夹具分析

序号	试题内容	配分	扣分	得分
1	工件的定位面是_____、_____、_____，在工件图上作出定位标记	6		
2	夹具的定位元件为_____，消除____个自由度；_____，消除____个自由度；_____，消除____个自由度	6		
3	件 1 削边销的基本尺寸 d=_____mm	2		
4	工件的夹紧位置在_____，在工件图上作出标记	4		
5	夹具采用的夹紧机构的形式为_____，其特点是_____ _____	4		
6	件 4 的作用是_____，该元件常用_____材料制造	2		
7	为了减少安装、夹紧工件的辅助时间，你对件 5 开口垫圈有什么设想？在下面空白处画出其简图	6		
	合　　计	30		

开口垫圈简图：

三、评分表

序号	评价要素	配分	说明	结果记录	得分
1	工艺顺序合理	12	错、漏一处扣 5 分		
2	工艺内容适当	12	错、漏一处扣 5 分		
3	零件检查方法正确	8	错、漏一处扣 5 分		
4	装配符合技术要求	8	错、漏一处扣 2 分		
5	工艺装备选择适当	5	错、漏一处扣 2 分		

续表

序号	评价要素	配分	说明	结果记录	得分
6	设备选用适当	5	错、漏一处扣2分		
7	工序工时合理	5	错、漏一处扣2分		
8	工艺知识题	15			
9	夹具分析	30			
	合　计	100			

1.2.4-1　减速箱工艺编制及翻转式钻夹具分析（考核时间：150 min）

一、试题单

1. 背景资料

（1）减速箱零件图（图号：1.2.4-1A）

（2）翻转式钻夹具装配图（图号：1.2.4-1B）

（3）多孔板零件图（图号：1.2.4-1C）

2. 试题要求

（1）编制减速箱装配工艺

提示：

1）蜗杆蜗轮副装配工艺应包括装配后的质量检查内容。

2）锥齿轮副侧隙检查方法明确。

3）装配工艺以工序为单位，重要工序细化到工步。

（2）工艺知识题

（3）翻转式钻夹具分析

提示：

1）仔细识读、分析翻转式钻夹具图样和文字说明。

2）按题目要求正确答题。

3）工件上 $\phi28$、$\phi13$ 阶台孔、$\phi20^{+0.021}_{0}$ 孔已加工完成。

4）工序内容：钻其余各孔。

钳工（三级）"工艺、夹具"模块试卷

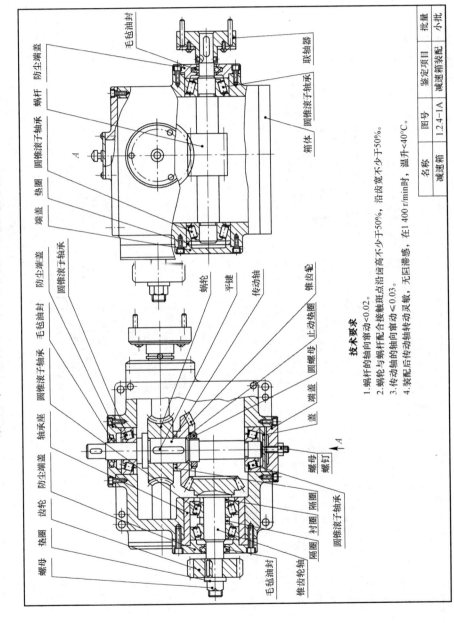

技术要求

1. 蜗杆的轴向窜动<0.02。
2. 蜗轮与蜗杆配合接触斑点沿齿高不少于50%、沿齿宽不少于50%。
3. 传动轴的轴向窜动≤0.03。
4. 装配后传动轴转动灵敏，无回滞感，在1 400 r/min时，温升<40℃。

名称	图号	鉴定项目	批量
减速箱	1.2.4-1A	减速箱装配	小批

钳工（三级）"工艺、夹具"模块试卷

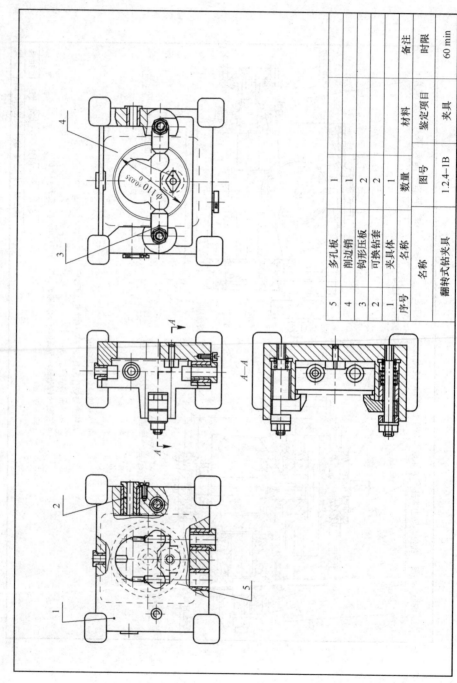

5	多孔板	1			
4	削边销	1			
3	钩形压板	2			
2	可换钻套	2			
1	夹具体	1			
序号	名称	数量	图号	材料	备注
翻转式钻夹具			1.2.4-1B	夹具	时限
					60 min
				鉴定项目	

钳工（三级）“工艺、夹具”模块试卷

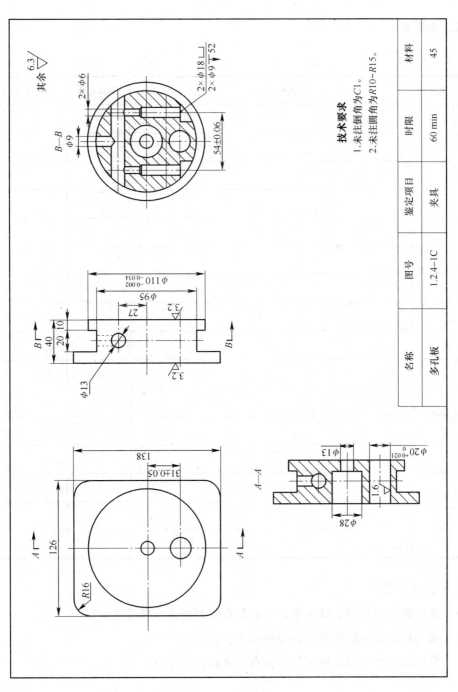

技术要求
1. 未注倒角为C1。
2. 未注圆角为R10~R15。

名称	图号	鉴定项目	时限	材料
多孔板	1.2.4-1C	夹具	60 min	45

二、答题卷

1. 装配工艺卡

工序号	工步号	内容及名称	设备名称	工艺装备	工时定额

2. 工艺知识题

（1）蜗杆蜗轮副结构的减速箱，其装配有哪些要求？（5分）

（2）减速箱锥齿轮副的装配有哪些要求？（5分）

（3）常用联轴器有哪几种结构？各有什么特点？（5分）

3. 夹具分析

序号	试题内容	配分	扣分	得分
1	工件的定位面是_____、_____、_____，在工件图上作出定位标记	6		
2	夹具的定位元件为_____，消除____个自由度；_____，消除____个自由度；_____，消除____个自由度	6		
3	该夹具可以钻削工件_____个面上的孔	2		
4	工件的夹紧位置在_____，在工件图上作出标记	4		
5	夹具采用的夹紧机构的形式为_____，其特点是_____ _____	4		
6	件 3 的作用是_____，该元件常用_____材料制造	2		
7	件 4 削边销在夹具上放置时，其长轴线应与两定位孔中心连线_____。画出件 1 简图	6		
	合　　计	30		

削边销简图：

三、评分表

序号	评价要素	配分	说明	结果记录	得分
1	工艺顺序合理	12	错、漏一处扣 5 分		
2	工艺内容适当	12	错、漏一处扣 5 分		
3	零件检查方法正确	8	错、漏一处扣 5 分		
4	装配符合技术要求	8	错、漏一处扣 2 分		
5	工艺装备选择适当	5	错、漏一处扣 2 分		

续表

序号	评价要素	配分	说明	结果记录	得分
6	设备选用适当	5	错、漏一处扣2分		
7	工序工时合理	5	错、漏一处扣2分		
8	工艺知识题	15			
9	夹具分析	30			
	合　计	100			

1.2.4-2　减速箱工艺编制及固定式钻夹具分析（考核时间：150 min）

一、试题单

1. 背景资料

（1）减速箱零件图（图号：1.2.4-2A）

（2）固定式钻夹具装配图（图号：1.2.4-2B）

（3）隔圈零件图（图号：1.2.4-2C）

2. 试题要求

（1）编制减速箱装配工艺

提示：

1）蜗杆蜗轮副装配工艺应包括装配后的质量检查内容。

2）锥齿轮副侧隙检查方法明确。

3）装配工艺以工序为单位，重要工序细化到工步。

（2）工艺知识题

（3）固定式钻夹具分析

提示：

1）仔细识读、分析固定式钻夹具图样和文字说明。

2）按题目要求正确答题。

3）工序内容：钻、铰 ϕ10H7 孔。

钳工（三级）"工艺、夹具"模块试卷

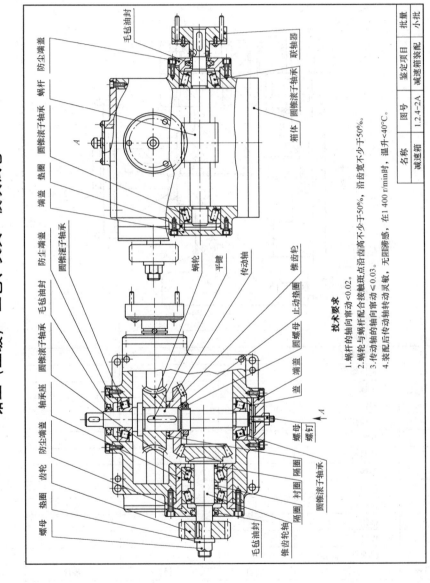

技术要求

1. 蜗杆的轴向窜动<0.02。
2. 蜗轮与蜗杆配合接触斑点沿齿高不少于50%，沿齿宽不少于50%。
3. 传动轴的轴向窜动≤0.03。
4. 装配后传动轴转动灵敏，无阻滞感，在1 400 r/min时，温升<40℃。

名称	图号	鉴定项目	批量
减速箱	1.2.4-2A	减速箱装配	小批

钳工（三级）"工艺、夹具"模块试卷

15	隔圈	1		
14	定位键	1		
13	拉紧螺杆	1		
12	定位螺钉	1		
11	压板	1		
10	螺钉	1		
9	钻模体	1		
8	弹簧	1		
7	拉紧螺母	1		
6	手柄	1		
5	垫圈	1		
4	钻模板	1		
3	锥销	2		
2	螺钉	2		
1	快换钻、铰套	1		
序号	名称	数量	材料	备注
名称		图号	鉴定项目	时限
固定式钻夹具		1.2.4–2B	夹具	60 min

钳工（三级）"工艺、夹具"模块试卷

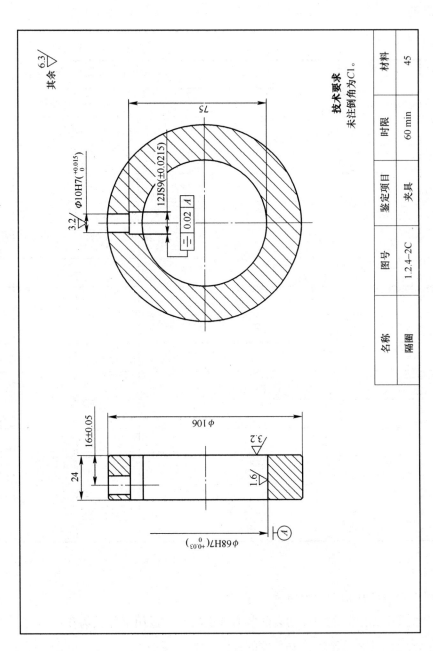

其余 $\sqrt{6.3}$

技术要求
未注倒角为C1。

名称	图号	鉴定项目	时限	材料
隔圈	1.2.4-2C	夹具	60 min	45

二、答题卷

1. 装配工艺卡

工序号	工步号	内容及名称	设备名称	工艺装备	工时定额

2. 工艺知识题

（1）如何检验蜗杆蜗轮副装配质量？（5分）

（2）装配方法中固定装配和移动装配各有什么特点？适用于什么场合？（5分）

（3）图示说明蜗轮减速箱轴孔垂直度的检测方法。（5分）

3. 夹具分析

序号	试题内容	配分	扣分	得分
1	工件的定位面是 _____ 、_____ 、_____ ，在工件图上作出定位标记	6		
2	夹具的定位元件为 _____ ，消除 ____ 个自由度；_____ ，消除 ____ 个自由度；_____ ，消除 ____ 个自由度	6		
3	件 14 定位键的宽度为 _____	2		
4	工件的夹紧位置在 _____ ，在工件图上作出标记	4		
5	夹具采用的夹紧机构的形式为 _____ ，其特点是 _____ _____	4		
6	件 1 的作用是 _____ ，该元件常用 _____ 材料制造	2		
7	为了减少安装、夹紧工件的辅助时间，你对件 11 压板有什么设想？在下面空白处画出其简图	6		
	合　　计	30		

压板简图：

三、评分表

序号	评价要素	配分	说明	结果记录	得分
1	工艺顺序合理	12	错、漏一处扣 5 分		
2	工艺内容适当	12	错、漏一处扣 5 分		
3	零件检查方法正确	8	错、漏一处扣 5 分		
4	装配符合技术要求	8	错、漏一处扣 2 分		
5	工艺装备选择适当	5	错、漏一处扣 2 分		
6	设备选用适当	5	错、漏一处扣 2 分		

续表

序号	评价要素	配分	说明	结果记录	得分
7	工序工时合理	5	错、漏一处扣2分		
8	工艺知识题	15			
9	夹具分析	30			
	合　　计	100			

1.2.5-1　多级卧式离心泵工艺编制及连接法兰钻夹具分析（考核时间：150 min）

一、试题单

1. 背景资料

（1）多级卧式离心泵零件图（图号：1.2.5-1A）

（2）连接法兰钻夹具装配图（图号：1.2.5-1B）

（3）连接法兰零件图（图号：1.2.5-1C）

2. 试题要求

（1）编制多级卧式离心泵装配工艺

提示：

1）装配工艺应包括装配准备、零件装入联接、装备选用和装配过程中检验及调整的方法。

2）工艺编制应做到保证和提高装配精度，并达到经济、高效的目的。

3）装配工艺以工序为单位，重要工序细化到工步。

4）编制多级离心泵的装配工艺及与电动机连接找中工艺。

（2）工艺知识题

（3）连接法兰钻夹具分析

提示：

1）仔细识读、分析连接法兰钻夹具图样和文字说明。

2）按题目要求正确答题。

3）工序内容：钻 $\phi16H8$ 孔。

钳工（三级）"工艺、夹具"模块试卷

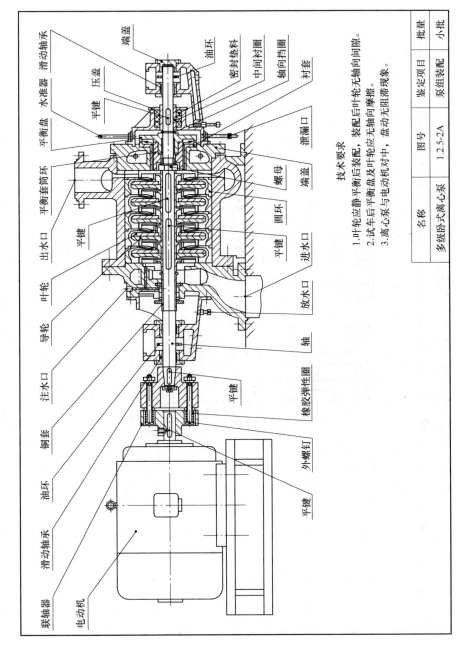

名称	图号	鉴定项目	批量
多级卧式离心泵	1.2.5-2A	泵组装配	小批

技术要求

1.叶轮应静平衡后装配，装配后叶轮无轴向间隙。
2.试车后平衡盘及叶轮应无轴向摩擦。
3.离心泵与电动机对中，盘动无阻滞现象。

钳工（三级）"工艺、夹具"模块试卷

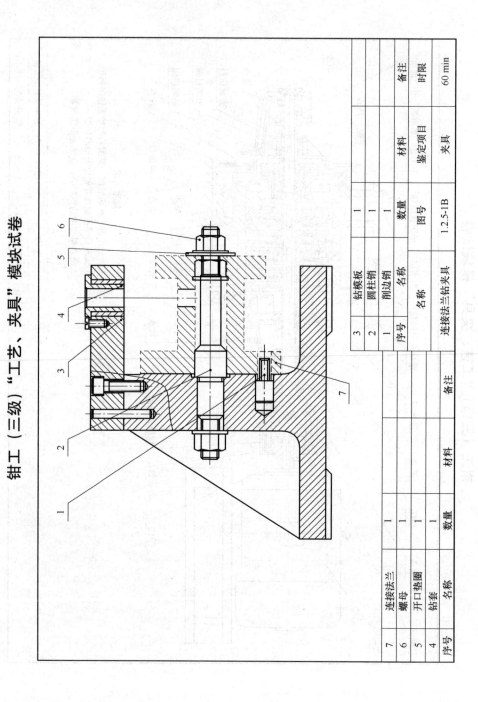

序号	名称	数量	材料	备注
7	连接法兰	1		
6	螺母	1		
5	开口垫圈	1		
4	钻套	1		

序号	名称	数量	图号	备注
3	钻模板	1		
2	圆柱销	1		
1	削边销			
	名称	数量	材料	时限
	连接法兰钻夹具	1.2.5-1B	夹具	60 min
		图号	鉴定项目	

钳工（三级）"工艺、夹具"模块试卷

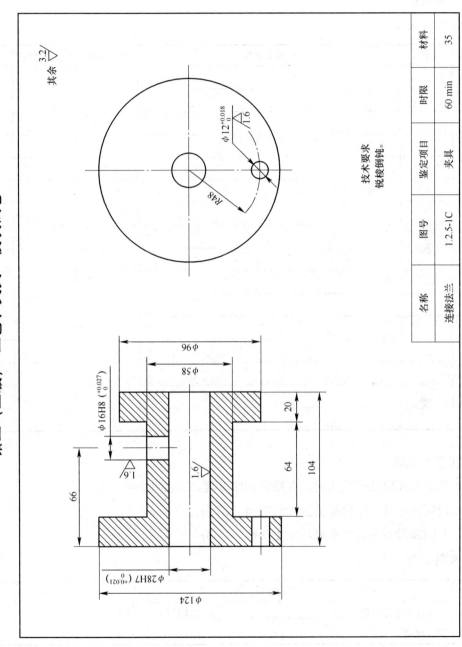

其余 3.2√

φ12+0.018_0　√1.6

R48

φ96

φ58

φ16H8 (+0.027_0)

√1.6

√1.6

20

64

104

66

φ28H7 (+0.021_0)

φ124

技术要求
锐棱倒钝。

名称	图号	鉴定项目	时限	材料
连接法兰	1.2.5-1C	夹具	60 min	35

二、答题卷

1. 装配工艺卡

工序号	工步号	内容及名称	设备名称	工艺装备	工时定额

2. 工艺知识题

（1）离心泵在启动或关闭时，在操作顺序上要注意哪些问题？（5分）

（2）说明离心泵工作时振动过大的原因。（5分）

（3）泵的种类有几种？有哪些主要参数？（5分）

3. 夹具分析

序号	试题内容	配分	扣分	得分
1	工件的定位面是_____、_____、_____，在工件图上作出定位标记	6		

续表

序号	试题内容	配分	扣分	得分
2	夹具的定位元件为_____，消除_____个自由度；_____，消除_____个自由度；_____，消除_____个自由度	6		
3	件1削边销的基本尺寸 $d=$_____mm	2		
4	工件的夹紧位置在_____，在工件图上作出标记	4		
5	夹具采用的夹紧机构的形式为_____，其特点是_____	4		
6	件4的作用是_____，该元件常用_____材料制造	2		
7	为了减少安装、夹紧工件的辅助时间，你对件5开口垫圈有什么设想？在下面空白处画出其简图	6		
	合　计	30		

开口垫圈简图：

三、评分表

序号	评价要素	配分	说明	结果记录	得分
1	工艺顺序合理	12	错、漏一处扣5分		
2	工艺内容适当	12	错、漏一处扣5分		
3	零件检查方法正确	8	错、漏一处扣5分		
4	装配符合技术要求	8	错、漏一处扣2分		
5	工艺装备选择适当	5	错、漏一处扣2分		

序号	评价要素	配分	说明	结果记录	得分
6	设备选用适当	5	错、漏一处扣2分		
7	工序工时合理	5	错、漏一处扣2分		
8	工艺知识题	15			
9	夹具分析	30			
合　计		100			

1.2.5－2　多级卧式离心泵工艺编制及过渡套径向孔钻夹具分析（考核时间：150 min）

一、试题单

1. 背景资料

（1）多级卧式离心泵零件图（图号：1.2.5－2A）

（2）过渡套径向孔钻夹具装配图（图号：1.2.5－2B）

（3）过渡套零件图（图号：1.2.5－2C）

2. 试题要求

（1）编制多级卧式离心泵装配工艺

提示：

1）装配工艺应包括装配准备、零件装入联接、装备选用和装配过程中检验及调整的方法。

2）工艺编制应做到保证和提高装配精度，并达到经济、高效的目的。

3）装配工艺以工序为单位，重要工序细化到工步。

4）编制多级离心泵的装配工艺及与电动机连接找中工艺。

（2）工艺知识题

（3）过渡套径向孔钻夹具分析

提示：

1）仔细识读、分析过渡套径向孔钻夹具图样和文字说明。

2）按题目要求正确答题。

3）工序内容：钻 $\phi5H9$ 孔。

钳工（三级）"工艺、夹具"模块试卷

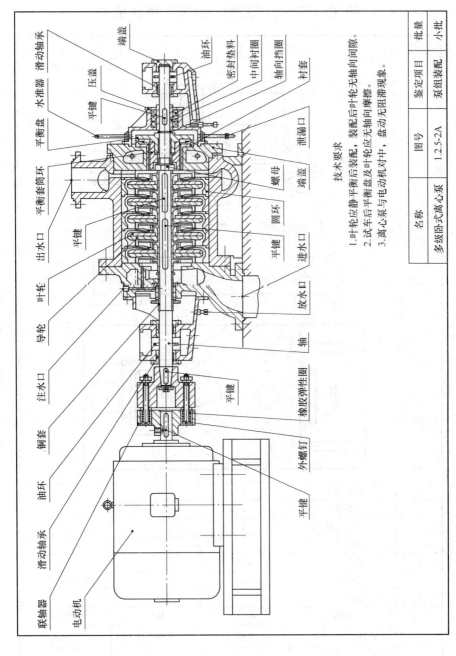

名称	图号	鉴定项目	批量
多级卧式离心泵	1.2.5-2A	泵组装配	小批

技术要求
1. 叶轮应静平衡后装配，装配后叶轮应无轴向间隙。
2. 试车后平衡盘及叶轮应无轴向摩擦。
3. 离心泵与电动机对中，盘动无阻滞现象。

钳工（三级）"工艺、夹具"模块试卷

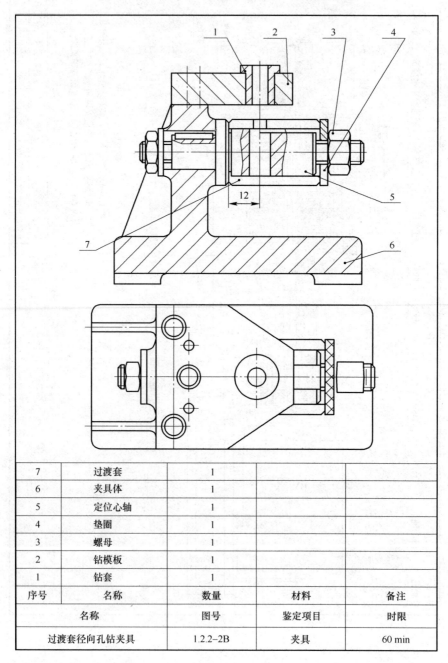

7	过渡套	1		
6	夹具体	1		
5	定位心轴	1		
4	垫圈	1		
3	螺母	1		
2	钻模板	1		
1	钻套	1		
序号	名称	数量	材料	备注
名称		图号	鉴定项目	时限
过渡套径向孔钻夹具		1.2.2-2B	夹具	60 min

钳工（三级）"工艺、夹具"模块试卷

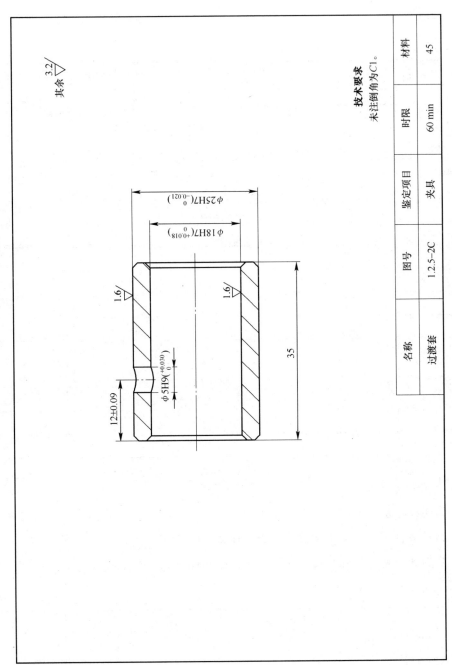

名称	图号	鉴定项目		材料
过渡套	1.2.5-2C	夹具	时限	45
			60 min	

技术要求

未注倒角为C1。

二、答题卷

1. 装配工艺卡

工序号	工步号	内容及名称	设备名称	工艺装备	工时定额

2. 工艺知识题

（1）简述离心泵的工作原理。（5分）

（2）离心泵有哪几个主要参数？各表示什么？（5分）

（3）泵的种类有哪几种？其基本原理是什么？（5分）

3. 夹具分析

序号	试题内容	配分	扣分	得分
1	工件的定位面是_____、_____、_____，在工件图上作出定位标记	6		

续表

序号	试题内容	配分	扣分	得分
2	夹具的定位元件为 ＿＿＿＿＿＿＿ ，消除 ＿＿＿＿ 个自由度；＿＿＿＿＿＿＿ ，消除 ＿＿＿＿＿ 个自由度；＿＿＿＿＿＿＿ ，消除 ＿＿＿＿ 个自由度	6		
3	件 2 钻模板与件 6 夹具体用 ＿＿＿＿ 定位，用 ＿＿＿＿ 连接	2		
4	工件的夹紧位置在 ＿＿＿＿＿＿＿ ，在工件图上作出标记	4		
5	夹具采用的夹紧机构的形式为 ＿＿＿＿＿＿＿＿＿＿ ，其特点是 ＿＿＿＿＿＿＿＿＿＿＿＿＿＿＿＿＿	4		
6	件 1 的作用是 ＿＿＿＿＿＿＿ ，该元件常用 ＿＿＿＿ 材料制造	2		
7	为了减少安装、夹紧工件的辅助时间，你对件 4 垫圈有什么设想？在下面空白处画出其简图	6		
合　　计		30		

垫圈简图：

三、评分表

序号	评价要素	配分	说明	结果记录	得分
1	工艺顺序合理	12	错、漏一处扣 5 分		
2	工艺内容适当	12	错、漏一处扣 5 分		
3	零件检查方法正确	8	错、漏一处扣 5 分		

序号	评价要素	配分	说明	结果记录	得分
4	装配符合技术要求	8	错、漏一处扣2分		
5	工艺装备选择适当	5	错、漏一处扣2分		
6	设备选用适当	5	错、漏一处扣2分		
7	工序工时合理	5	错、漏一处扣2分		
8	工艺知识题	15			
9	夹具分析	30			
合　　计		100			

液压控制技术

2.1.2　钻床夹紧机构（考核时间：60 min）

一、试题单

1. 背景资料

图示为钻床夹紧机构。工件由液压夹紧油缸 A 进行夹紧。要求根据不同的工件可调整夹紧力。

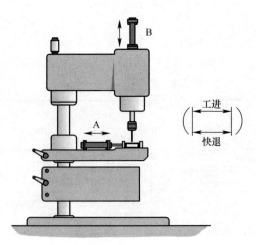

2. 试题要求

（1）回答液压气动控制技术相关知识题。

（2）根据考题说明，设计钻床夹紧机构的液压系统控制回路图。

（3）用实物搭接出正确的系统控制回路，并进行调试。

二、答题卷

1. 回答相关知识题

（1）液压传动有哪些优缺点？（10 分）

（2）在气动技术中，气动换向阀的控制换向方式有哪几种？（10 分）

2. 画出系统控制回路图

三、评分表

评价要素	配分	说明	结果记录	得分
1. 回答相关知识题	20			
相关知识题	20	每题 10 分		
2. 设计系统控制回路图	55			
系统控制回路图与文字表述相符	10			
系统控制回路图与给定的工作场景相符	15	规范、合理、正确		
系统控制回路中元件的职能符号	10	规范、合理、正确		
系统控制回路中的管路	10	规范、合理、正确		
系统控制回路图	10	规范、合理、正确		
3. 实物搭接	25			
元件选择正确	5			
元件接口分辨正确	5			
整体回路连接正确	10			
整体回路动作正确	5			
合　　计	100			

备注：1. 过程记录由考评员当场如实记录。

　　　2. 每提示一次扣 10 分。

2.1.4 金属屑自卸机构液压控制回路（考核时间：60 min）

一、试题单

1. 背景资料

如下图所示，用一条传送带将金属屑传送到一个自卸槽车中，当槽车装满后，便倒入一辆货车。因此用一个 4/3 手动阀控制一个双作用油缸。在装料时，活塞杆伸出。为了在填料时防止活塞杆返回（由于阀门的泄漏），需安装一个液控单向阀。请设计液压回路图并正确连接。

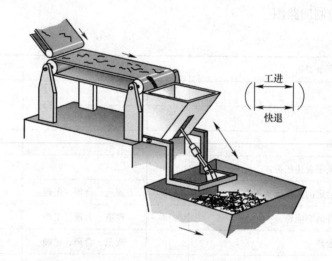

2. 试题要求

（1）回答液压气动控制技术相关知识题。

（2）根据考题说明，设计顶出机构的液压系统控制回路图。

（3）用实物搭接出正确的系统控制回路，并进行调试。

二、答题卷

1. 回答相关知识题

（1）按结构形式分，液压系统的过滤器有哪几种类型？一般有几种安装位置？（10 分）

（2）单作用油缸与双作用油缸的工作原理有什么区别？（10 分）

2. 画出系统控制回路图

三、评分表

评价要素	配分	说明	结果记录	得分
1. 回答相关知识题	20			
相关知识题	20	每题 10 分		
2. 设计系统控制回路图	55			
系统控制回路图与文字表述相符	10			
系统控制回路图与给定的工作场景相符	15	规范、合理、正确		
系统控制回路中元件的职能符号	10	规范、合理、正确		
系统控制回路中的管路	10	规范、合理、正确		
系统控制回路图	10	规范、合理、正确		
3. 实物搭接	25			
元件选择正确	5			
元件接口分辨正确	5			
整体回路连接正确	10			
整体回路动作正确	5			
合　　计	100			

备注：1. 过程记录由考评员当场如实记录。

　　　2. 每提示一次扣 10 分。

2.1.5　铝液汲取勺机构液压控制回路（考核时间：60 min）

一、试题单

1. 背景资料

如下图所示为一个自动铝液汲取勺机构。从炉中汲取液态铝，放到压铸机槽中。勺的运动由油缸操纵，运动速度可调节控制，并且控制阀不工作时汲取勺不允许沉在炉中。

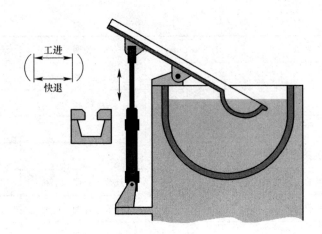

2.试题要求

（1）回答液压气动控制技术相关知识题。

（2）根据考题说明，设计液压系统控制回路图。

（3）用实物搭接出正确的系统控制回路，并进行调试。

二、答题卷

1. 回答相关知识题

（1）液压系统中的蓄能器按结构分哪几种类型？简述蓄能器的功能。（10分）

（2）气动系统管路中常见故障可分为哪几种？（10分）

2. 画出系统控制回路图

三、评分表

评价要素	配分	说明	结果记录	得分
1. 回答相关知识题	20			
相关知识题	20	每题10分		
2. 设计系统控制回路图	55			
系统控制回路图与文字表述相符	10			
系统控制回路图与给定的工作场景相符	15	规范、合理、正确		
系统控制回路中元件的职能符号	10	规范、合理、正确		
系统控制回路中的管路	10	规范、合理、正确		
系统控制回路图	10	规范、合理、正确		

续表

评价要素	配分	说明	结果记录	得分
3. 实物搭接	25			
元件选择正确	5			
元件接口分辨正确	5			
整体回路连接正确	10			
整体回路动作正确	5			
合　　计	100			

备注：1. 过程记录由考评员当场如实记录。

　　　2. 每提示一次扣 10 分。

2.1.7　液压夹紧虎钳液压控制回路（考核时间：60 min）

一、试题单

1. 背景资料

如下图所示为液压夹紧虎钳，动作要求是慢速夹紧，快速松开。

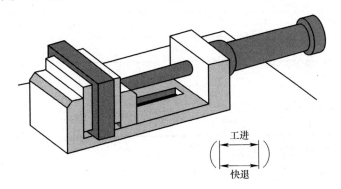

2. 试题要求

（1）回答液压气动控制技术相关知识题。

（2）根据考题说明，设计液压系统控制回路图。

（3）用实物搭接出正确的系统控制回路，并进行调试。

二、答题卷

1. 回答相关知识题

（1）在液压系统中为什么要采用减压阀？画出图形符号。（10分）

（2）在空气压缩机上安装后冷却器的作用是什么？（10分）

2. 画出系统控制回路图

三、评分表

评价要素	配分	说明	结果记录	得分
1. 回答相关知识题	20			
相关知识题	20	每题10分		
2. 设计系统控制回路图	55			
系统控制回路图与文字表述相符	10			
系统控制回路图与给定的工作场景相符	15	规范、合理、正确		
系统控制回路中元件的职能符号	10	规范、合理、正确		
系统控制回路中的管路	10	规范、合理、正确		
系统控制回路图	10	规范、合理、正确		
3. 实物搭接	25			
元件选择正确	5			
元件接口分辨正确	5			
整体回路连接正确	10			
整体回路动作正确	5			
合　　计	100			

备注：1. 过程记录由考评员当场如实记录。

　　　2. 每提示一次扣10分。

2.1.8　液压吊车液压控制回路（考核时间：60 min）

一、试题单

1. 背景资料

如下图所示为液压吊车。用一个双作用油缸来完成吊具的升降运动，起吊速度可以控制调整。

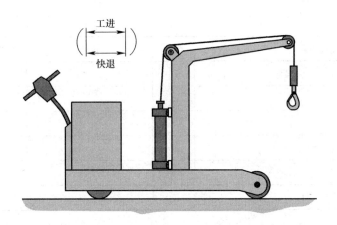

2. 试题要求

（1）回答液压气动控制技术相关知识题。

（2）根据考题说明，设计液压系统控制回路图。

（3）用实物搭接出正确的系统控制回路，并进行调试。

二、答题卷

1. 回答相关知识题

（1）液压系统中溢流阀的进口与出口接反会发生什么故障？（10 分）

（2）简述气缸缓冲装置的缓冲原理。（10 分）

2. 画出系统控制回路图

三、评分表

评价要素	配分	说明	结果记录	得分
1. 回答相关知识题	20			
相关知识题	20	每题 10 分		
2. 设计系统控制回路图	55			
系统控制回路图与文字表述相符	10			
系统控制回路图与给定的工作场景相符	15	规范、合理、正确		
系统控制回路中元件的职能符号	10	规范、合理、正确		
系统控制回路中的管路	10	规范、合理、正确		
系统控制回路图	10	规范、合理、正确		

评价要素	配分	说明	结果记录	得分
3. 实物搭接	25			
元件选择正确	5			
元件接口分辨正确	5			
整体回路连接正确	10			
整体回路动作正确	5			
合　计	100			

备注：1. 过程记录由考评员当场如实记录。

　　　2. 每提示一次扣 10 分。

2.1.10　刨床工作台运动机构液压控制回路（考核时间：60 min）

一、试题单

1. 背景资料

如下图所示为液压控制的龙门刨床的工作台运动机构。工作台回程退刀速度是正向进给速度的 2 倍。

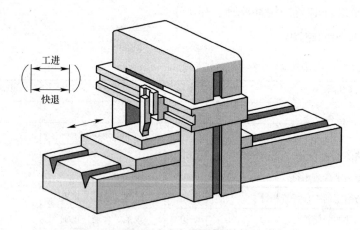

2. 试题要求

（1）回答液压气动控制技术相关知识题。

（2）根据考题说明，设计液压系统控制回路图。

（3）用实物搭接出正确的系统控制回路，并进行调试。

二、答题卷

1. 回答相关知识题

（1）进行液压回路设计，选用换向阀时应该考虑哪些问题？（10分）

（2）简述气动控制回路中，进气节流与排气节流的特点。（10分）

2. 画出系统控制回路图

三、评分表

评价要素	配分	说明	结果记录	得分
1. 回答相关知识题	20			
相关知识题	20	每题 10 分		
2. 设计系统控制回路图	55			
系统控制回路图与文字表述相符	10			
系统控制回路图与给定的工作场景相符	15	规范、合理、正确		
系统控制回路中元件的职能符号	10	规范、合理、正确		
系统控制回路中的管路	10	规范、合理、正确		
系统控制回路图	10	规范、合理、正确		
3. 实物搭接	25			
元件选择正确	5			
元件接口分辨正确	5			
整体回路连接正确	10			
整体回路动作正确	5			
合　　计	100			

备注：1. 过程记录由考评员当场如实记录。

　　　2. 每提示一次扣 10 分。

气动控制技术

2.2.1 夹紧机构气动控制回路（考核时间：60 min）

一、试题单

1. 背景资料

如下图所示为气动夹紧机构，要求按钮按下后气缸就始终处于夹紧状态，如果按钮被释放则夹紧机构就松开。

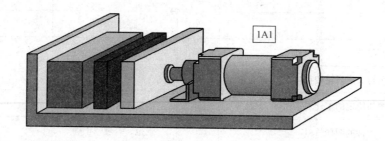

2. 试题要求

（1）回答液压气动控制技术相关知识题。

（2）根据考题说明，设计气动系统控制回路图。

（3）用实物搭接出正确的系统控制回路，并进行调试。

二、答题卷

1. 回答相关知识题

（1）液压换向阀控制换向的方式分哪几种？使用场合是什么（试述两种）？（10分）

（2）简述气动系统的组成及各组成部分的作用。（10分）

2. 画出系统控制回路图

三、评分表

评价要素	配分	说明	结果记录	得分
1. 回答相关知识题	20			
相关知识题	20	每题 10 分		
2. 设计系统控制回路图	55			
系统控制回路图与文字表述相符	10			
系统控制回路图与给定的工作场景相符	15	规范、合理、正确		
系统控制回路中元件的职能符号	10	规范、合理、正确		
系统控制回路中的管路	10	规范、合理、正确		
系统控制回路图	10	规范、合理、正确		
3. 实物搭接	25			
元件选择正确	5			
元件接口分辨正确	5			
整体回路连接正确	10			
整体回路动作正确	5			
合　　计	100			

备注：1. 过程记录由考评员当场如实记录。

　　　2. 每提示一次扣 10 分。

2.2.2　货物转运站气动控制回路（考核时间：60 min）

一、试题单

1. 背景资料

如下图所示为货物传送带，送货物到位后，操作人员按下按钮，拾取气缸将货物吸牢提升后搬走。

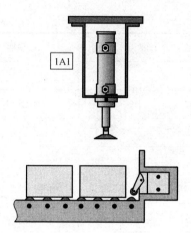

2. 试题要求

(1) 回答液压气动控制技术相关知识题。

(2) 根据考题说明，设计气动系统控制回路图。

(3) 用实物搭接出正确的系统控制回路，并进行调试。

二、答题卷

1. 回答相关知识题

(1) 液压系统中采用节流阀调速有什么缺点？（10分）

(2) 在空气压缩机安装后冷却器的作用是什么？（10分）

2. 画出系统控制回路图

三、评分表

评价要素	配分	说明	结果记录	得分
1. 回答相关知识题	20			
相关知识题	20	每题 10 分		
2. 设计系统控制回路图	55			
系统控制回路图与文字表述相符	10			
系统控制回路图与给定的工作场景相符	15	规范、合理、正确		
系统控制回路中元件的职能符号	10	规范、合理、正确		
系统控制回路中的管路	10	规范、合理、正确		
系统控制回路图	10	规范、合理、正确		

评价要素	配分	说明	结果记录	得分
3. 实物搭接	25			
元件选择正确	5			
元件接口分辨正确	5			
整体回路连接正确	10			
整体回路动作正确	5			
合　　计	100			

备注：1. 过程记录由考评员当场如实记录。

　　　2. 每提示一次扣 10 分。

2.2.4　气动压机气动控制回路（考核时间：60 min）

一、试题单

1. 背景资料

如下图所示为一气动压机，当压模到位后需保压一定时间，为了安全，由操作工人双手同时操纵阀门控制压机的工作。

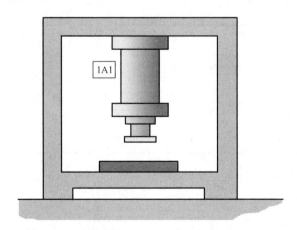

2. 试题要求

（1）回答液压气动控制技术相关知识题。

（2）根据考题说明，设计气动系统控制回路图。

（3）用实物搭接出正确的系统控制回路，并进行调试。

二、答题卷

1. 回答相关知识题

（1）液压换向阀控制换向的方式分哪几种？各适用于什么场合（试述其中的两种）？（10分）

（2）简述气缸缓冲装置的缓冲原理。（10分）

2. 画出系统控制回路图

三、评分表

评价要素	配分	说明	结果记录	得分
1. 回答相关知识题	20			
相关知识题	20	每题10分		
2. 设计出系统控制回路图	55			
系统控制回路图与文字表述相符	10			
系统控制回路图与给定的工作场景相符	15	规范、合理、正确		
系统控制回路中元件的职能符号	10	规范、合理、正确		
系统控制回路中的管路	10	规范、合理、正确		
系统控制回路图	10	规范、合理、正确		
3. 实物搭接	25			
元件选择正确	5			
元件接口分辨正确	5			
整体回路连接正确	10			
整体回路动作正确	5			
合　　　计	100			

备注：1. 过程记录由考评员当场如实记录。

　　　2. 每提示一次扣10分。

2.2.5　组件黏合机构气动控制回路（考核时间：60 min）

一、试题单

1. 背景资料

如下图所示为两个组件的黏合机构。按下按钮气缸夹紧，两个组件被黏合，手动控制一定时间后才能送松开夹紧机构。

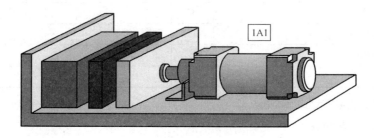

2. 试题要求

（1）回答液压气动控制技术相关知识题。

（2）根据考题说明，设计气动系统控制回路图。

（3）用实物搭接出正确的系统控制回路，并进行调试。

二、答题卷

1. 回答相关知识题

（1）液压系统中溢流阀的进口与出口接反会发生什么故障？（10分）

（2）在气动技术中，气动换向阀的控制换向方式有哪几种？（10分）

2. 画出系统控制回路图

三、评分表

评价要素	配分	说明	结果记录	得分
1. 回答相关知识题	20			
相关知识题	20	每题10分		
2. 设计系统控制回路图	55			
系统控制回路图与文字表述相符	10			
系统控制回路图与给定的工作场景相符	15	规范、合理、正确		
系统控制回路中元件的职能符号	10	规范、合理、正确		
系统控制回路中的管路	10	规范、合理、正确		
系统控制回路图	10	规范、合理、正确		
3. 实物搭接	25			
元件选择正确	5			

续表

评价要素	配分	说明	结果记录	得分
元件接口分辨正确	5			
整体回路连接正确	10			
整体回路动作正确	5			
合　计	100			

备注：1. 过程记录由考评员当场如实记录。

　　　2. 每提示一次扣 10 分。

2.2.7　气动夹紧虎钳气动控制回路（考核时间：60 min）

一、试题单

1. 背景资料

如下图所示为气动夹紧虎钳，其动作要求是慢速夹紧，快速松开。

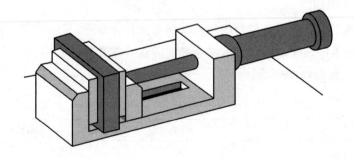

2. 试题要求

（1）回答液压气动控制技术相关知识题。

（2）根据考题说明，设计气动系统控制回路图。

（3）用实物搭接出正确的系统控制回路，并进行调试。

二、答题卷

1. 回答相关知识题

（1）液压系统回路主要由几个部分构成？简述各部分的作用。（10 分）

（2）在气动技术中，气动换向阀的控制换向方式有哪几种？（10 分）

2. 画出系统控制回路图

三、评分表

评价要素	配分	说明	结果记录	得分
1. 回答相关知识题	20			
相关知识题	20	每题 10 分		
2. 设计系统控制回路图	55			
系统控制回路图与文字表述相符	10			
系统控制回路图与给定的工作场景相符	15	规范、合理、正确		
系统控制回路中元件的职能符号	10	规范、合理、正确		
系统控制回路中的管路	10	规范、合理、正确		
系统控制回路图	10	规范、合理、正确		
3. 实物搭接	25			
元件选择正确	5			
元件接口分辨正确	5			
整体回路连接正确	10			
整体回路动作正确	5			
合　　计	100			

备注：1. 过程记录由考评员当场如实记录。

　　　2. 每提示一次扣 10 分。

2.2.8　钻床夹紧装置气动控制回路（考核时间：60 min）

一、试题单

1. 背景资料

如下图所示为钻床中的气动夹紧装置，工件由夹紧机构进行夹紧。要求夹紧气缸 A 根据不同的工件可调整夹紧力。

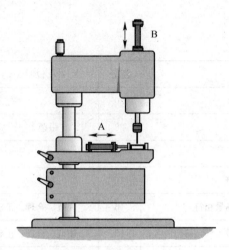

2. 试题要求

（1）回答液压气动控制技术相关知识题。

（2）根据考题说明，设计夹紧装置气动系统控制回路图。

（3）用实物搭接出正确的系统控制回路，并进行调试。

二、答题卷

1. 回答相关知识题

（1）按结构形式分，液压系统的过滤器有哪几种类型？一般有几种安装位置？（10分）

（2）气动系统管路中常见故障可分为哪几种？（10分）

2. 画出系统控制回路图

三、评分表

评价要素	配分	说明	结果记录	得分
1. 回答相关知识题	20			
相关知识题	20	每题10分		
2. 设计系统控制回路图	55			
系统控制回路图与文字表述相符	10			
系统控制回路图与给定的工作场景相符	15	规范、合理、正确		
系统控制回路中元件的职能符号	10	规范、合理、正确		
系统控制回路中的管路	10	规范、合理、正确		
系统控制回路图	10	规范、合理、正确		

续表

评价要素	配分	说明	结果记录	得分
3. 实物搭接	25			
元件选择正确	5			
元件接口分辨正确	5			
整体回路连接正确	10			
整体回路动作正确	5			
合　计	100			

备注：1. 过程记录由考评员当场如实记录。

　　　2. 每提示一次扣 10 分。

2.2.10　弯板机构气动控制回路（考核时间：60 min）

一、试题单

1. 背景资料

如下图所示为弯板机构，操作工人手动控制顶杆垂直运动使薄板弯曲成形，顶杆的垂直运动由一个单作用气缸控制。

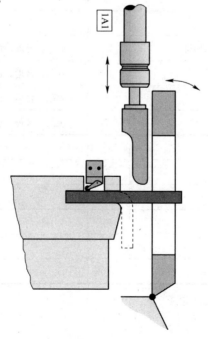

2. 试题要求

（1）回答液压气动控制技术相关知识题。

（2）根据考题说明，设计气动系统控制回路图。

（3）用实物搭接出正确的系统控制回路，并进行调试。

二、答题卷

1. 回答相关知识题

（1）液压系统回路主要有几个部分构成？简述各部分的作用。（10分）

（2）简述气动控制回路中，进气节流与排气节流的特点。（10分）

2. 画出系统控制回路图

三、评分表

评价要素	配分	说明	结果记录	得分
1. 回答相关知识题	20			
相关知识题	20	每题 10 分		
2. 设计系统控制回路图	55			
系统控制回路图与文字表述相符	10			
系统控制回路图与给定的工作场景相符	15	规范、合理、正确		
系统控制回路中元件的职能符号	10	规范、合理、正确		
系统控制回路中的管路	10	规范、合理、正确		
系统控制回路图	10	规范、合理、正确		
3. 实物搭接	25			
元件选择正确	5			
元件接口分辨正确	5			
整体回路连接正确	10			
整体回路动作正确	5			
合　　计	100			

备注：1. 过程记录由考评员当场如实记录。

　　　2. 每提示一次扣 10 分。

操作技能

3.1.2　圆弧角度组合件（考核时间：420 min）

一、试题单

1. 操作条件

(1) 设备：钳工配套工具（详见鉴定所设置技术要求）。

(2) 考件备料。

(3) 操作工具、量具等。

(4) 操作者劳动防护服、鞋等穿戴齐全。

2. 操作内容

(1) 工件加工（附加工零件图，图号：3.1.2－0，3.1.2－1，3.1.2－2，3.1.2－3，3.1.2－4，3.1.2－5，3.1.2－6）。

(2) 安全文明生产。

3. 操作要求

(1) 尺寸精度、形位精度、表面粗糙度应达到图样要求。

(2) 安全文明生产

1) 正确执行安全技术操作规程。

2) 按企业有关文明生产的规定，做到工作地整洁，工件、工具摆放整齐。

三、评分表

题号：3.1.2

考件编号			鉴定日期		总得分	
鉴定时限		420 min	开始时间		鉴定实	
			结束时间		际用时	
鉴定项目	序号	鉴定内容		配分	实测结果	得分	检测量具
圆弧角度板	1	$28_{-0.021}^{0}$（二处）		$4×2$			

鉴定项目	序号	鉴定内容	配分	实测结果	得分	检测量具
圆弧角度板	2	⌒ 0.02 （二处）	4×2			
	3	$67_{-0.03}^{0}$	4			
	4	$50_{-0.025}^{0}$	4			
	5	$57_{-0.03}^{0}$	4			
	6	90°±8′（二处）	3×2			
	7	÷ 0.02 A （二处）	2×2			
	8	∥ 0.02 C	2			
	9	⊥ 0.02 B	2			
	10	锉削表面粗糙度 1.6/√（十四处）	0.5×14			
定位板	1	$23_{-0.021}^{0}$（二处）	2×2			
	2	$15_{-0.018}^{0}$	3			
	3	⌒ 0.02	2			
	4	锉削表面粗糙度 1.6/√（六处）	0.5×6			
组合装配	1	3.1.2-1 与 3.1.2-3 的配合间隙≤0.04 mm（六处）	3×6			
	2	3.1.2-1 转位 180°与 3.1.2-3 的配合间隙≤0.04 mm（六处）	3×6			
	3	圆柱销与 3.1.2-2 的配合间隙≤0.02 mm	3			
操作提示	1	安全文明操作				
	2	根据图样技术要求制订出合理的加工步骤				
	3	合理选择切削用量，工件表面不允许用砂纸抛光或研磨加工				
	4	不得使用夹具进行加工				
备注		检测配合精度时销钉定位及螺钉全部紧固				
考评员			检测员		评分员	

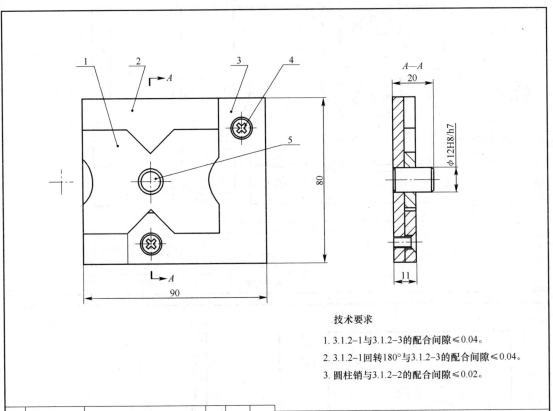

技术要求

1. 3.1.2–1与3.1.2–3的配合间隙≤0.04。

2. 3.1.2–1回转180°与3.1.2–3的配合间隙≤0.04。

3. 圆柱销与3.1.2–2的配合间隙≤0.02。

5	GB/T 120.1	圆柱销φ12×20(GB/T 120.1—2000)	1	—	标准件	钳工(三级)操作技能试卷				
4	GB 819 M5×10	螺钉GB 819 M5×10	2	—	标准件					
3	3.1.2–3	定位板	1	Q235	考核件	名称	图号	鉴定项目	鉴定时限	件数
2	3.1.2–2	安装底板	1	Q235	考核件					
1	3.1.2–1	圆弧角度板	1	Q235	考核件	圆弧角度组合件	3.1.2–0	操作	420 min	单件
序号	图号	名称	数量	材料	备注					

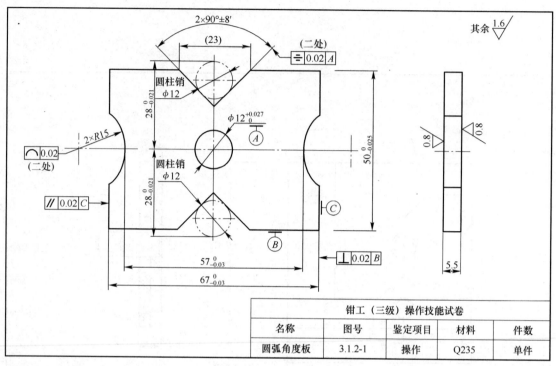

钳工（三级）操作技能试卷				
名称	图号	鉴定项目	材料	件数
圆弧角度板	3.1.2-1	操作	Q235	单件

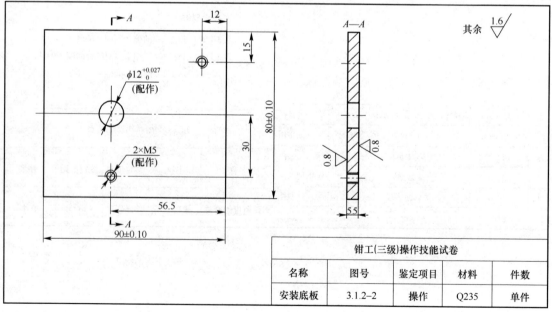

钳工(三级)操作技能试卷				
名称	图号	鉴定项目	材料	件数
安装底板	3.1.2-2	操作	Q235	单件

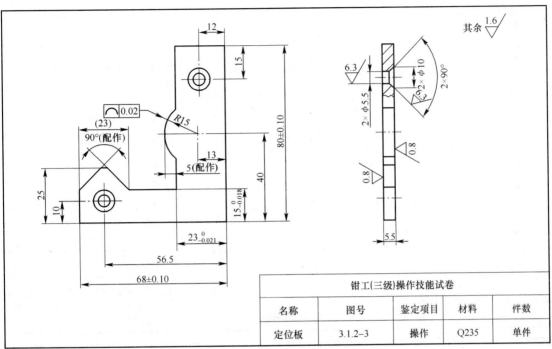

其余 $\sqrt{1.6}$

钳工(三级)操作技能试卷				
名称	图号	鉴定项目	材料	件数
定位板	3.1.2-3	操作	Q235	单件

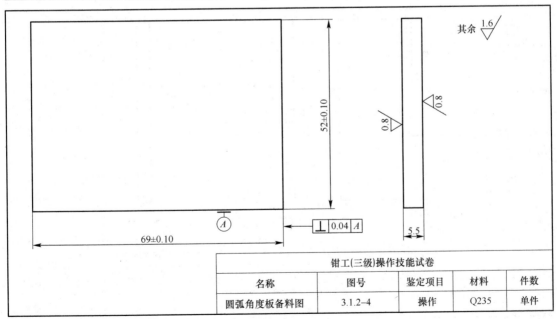

其余 $\sqrt{1.6}$

钳工(三级)操作技能试卷				
名称	图号	鉴定项目	材料	件数
圆弧角度板备料图	3.1.2-4	操作	Q235	单件

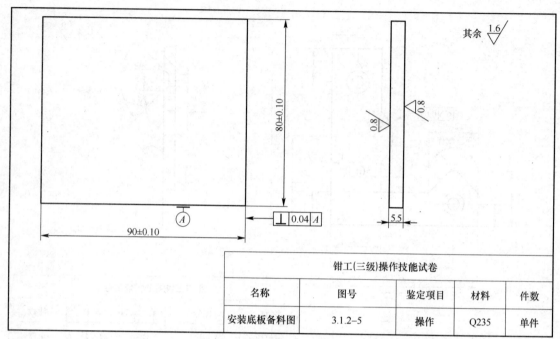

钳工(三级)操作技能试卷				
名称	图号	鉴定项目	材料	件数
安装底板备料图	3.1.2-5	操作	Q235	单件

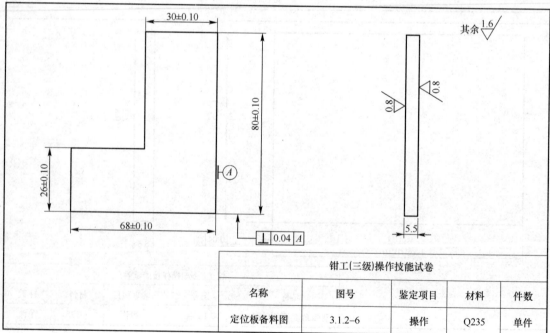

钳工(三级)操作技能试卷				
名称	图号	鉴定项目	材料	件数
定位板备料图	3.1.2-6	操作	Q235	单件

3.1.3　双联定位组合件（考核时间：420 min）

一、试题单

1. 操作条件

(1) 设备：钳工配套工具（详见鉴定所设置技术要求）。

(2) 考件备料。

(3) 操作工具、量具等。

(4) 操作者劳动防护服、鞋等穿戴齐全。

2. 操作内容

(1) 工件加工（附加工零件图，图号：3.1.3 - 0，3.1.3 - 1，3.1.3 - 2，3.1.3 - 3，3.1.3 - 4，3.1.3 - 5，3.1.3 - 6，3.1.3 - 7，3.1.3 - 8）。

(2) 安全文明生产。

3. 操作要求

(1) 尺寸精度、形位精度、表面粗糙度应达到图样要求。

(2) 安全文明生产

1) 正确执行安全技术操作规程。

2) 按企业有关文明生产的规定，做到工作地整洁，工件、工具摆放整齐。

三、评分表

题号：3.1.3

考件编号			鉴定日期			总得分	
鉴定时限		420 min	开始时间			鉴定实际用时	
			结束时间				
鉴定项目	序号	鉴定内容		配分	实测结果	得分	检测量具
上定位件（左）	1	20 ± 0.09		4			
	2	9 ± 0.075（二处）		2×2			
	3	$30°\pm10'$		3			
	4	$18_{-0.021}^{\ 0}$		3			
	5	$44_{-0.025}^{\ 0}$		3			
	6	锉削表面粗糙度$\sqrt{\dfrac{1.6}{}}$（五处）		0.5×5			

鉴定项目	序号	鉴定内容	配分	实测结果	得分	检测量具
上定位件（右）	1	20±0.09	4			
	2	9±0.075（二处）	2×2			
	3	30°±10′	3			
	4	$18_{-0.021}^{0}$	3			
	5	$44_{-0.025}^{0}$	3			
	6	锉削表面粗糙度 $\sqrt{1.6}$（五处）	0.5×5			
动块	1	⌒ 0.02（二件二处）	3×2			
	2	30°±10′（二件四处）	3×4			
	3	$20_{-0.052}^{0}$（二件二处）	4×2			
	4	锉削表面粗糙度 $\sqrt{1.6}$（二件十处）	0.5×10			
装配位置Ⅰ	1	3.1.3-4 与 3.1.3-2、3.1.3-3 的配合间隙≤0.04 mm（四处）	5×4			
装配位置Ⅱ	1	3.1.3-4 与 3.1.3-1 的配合间隙≤0.04 mm（二处）	5×2			
操作提示	1	安全文明操作				
	2	根据图样技术要求制定出合理的加工步骤				
	3	合理选择切削用量，工件表面不允许用砂纸抛光或研磨加工				
	4	不得使用夹具进行加工				
备注		检测配合精度时销钉定位及螺钉全部紧固				
考评员			检测员		评分员	

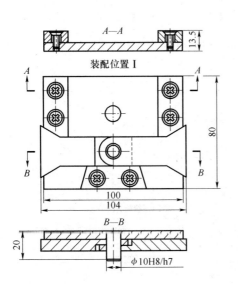

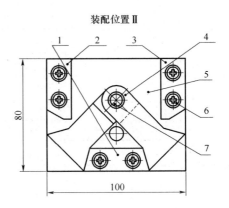

技术要求

1. 装配位置 I：3.1.3-4 两动块与 3.1.3-2、3.1.3-3 上定位件的配合间隙≤0.04。

2. 装配位置 II：3.1.3-4 两动块与 3.1.3-1 下定位件的配合间隙≤0.04。

7	GB/T 120.1	圆柱销 φ10×20(GB/T 120.1—2000)	1	—	标准件
6	GB 819 M5×10	螺钉 GB 819 M5×10	6	—	标准件
5	3.1.3-5	安装底板	1	Q235	考核件
4	3.1.3-4	动块	2	Q235	考核件
3	3.1.3-3	上定位件(右)	1	Q235	考核件
2	3.1.3-2	上定位件(左)	1	Q235	考核件
1	3.1.3-1	下定位件	1	Q235	备件
序号	图号	名称	数量	材料	备注

钳工(三级)操作技能试卷				
名称	图号	鉴定项目	鉴定时限	件数
双联定位组件	3.1.3-0	操作	420 min	单件

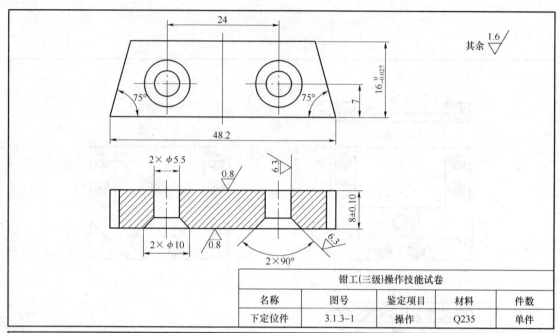

钳工(三级)操作技能试卷				
名称	图号	鉴定项目	材料	件数
下定位件	3.1.3－1	操作	Q235	单件

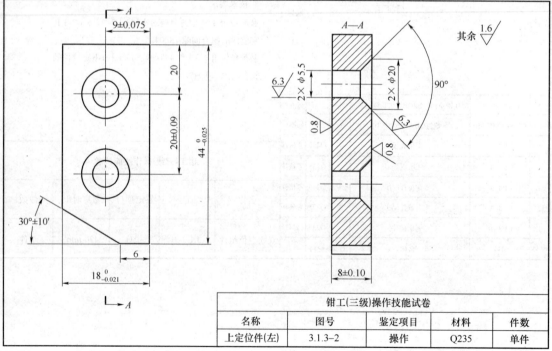

钳工(三级)操作技能试卷				
名称	图号	鉴定项目	材料	件数
上定位件(左)	3.1.3－2	操作	Q235	单件

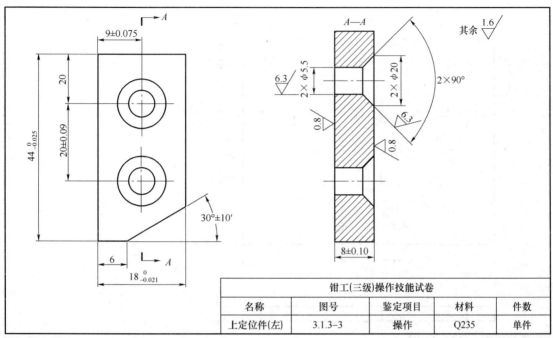

钳工(三级)操作技能试卷				
名称	图号	鉴定项目	材料	件数
上定位件(左)	3.1.3-3	操作	Q235	单件

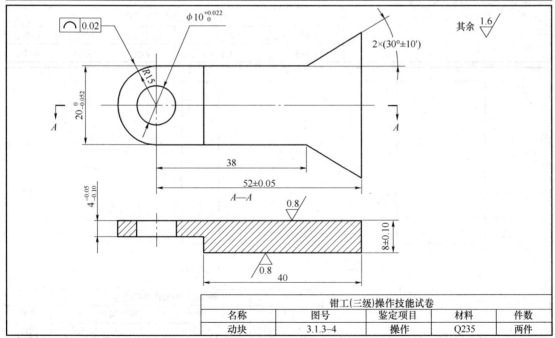

钳工(三级)操作技能试卷				
名称	图号	鉴定项目	材料	件数
动块	3.1.3-4	操作	Q235	两件

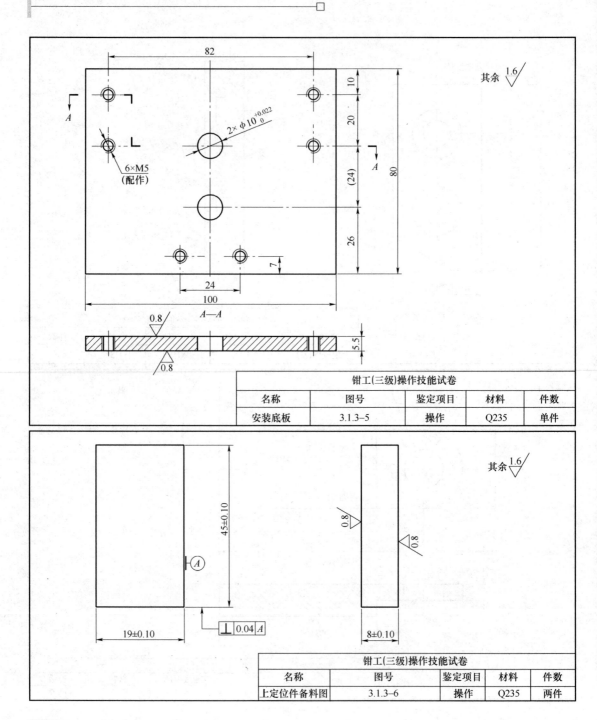

钳工(三级)操作技能试卷				
名称	图号	鉴定项目	材料	件数
安装底板	3.1.3-5	操作	Q235	单件

钳工(三级)操作技能试卷				
名称	图号	鉴定项目	材料	件数
上定位件备料图	3.1.3-6	操作	Q235	两件

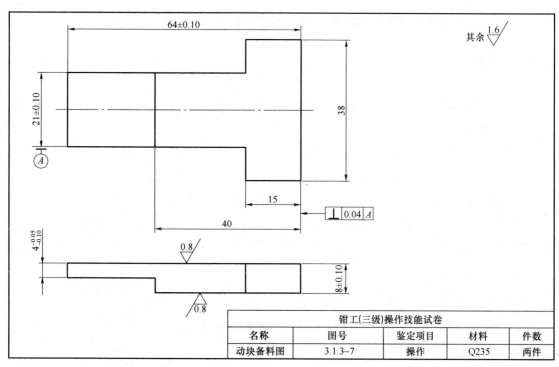

钳工(三级)操作技能试卷				
名称	图号	鉴定项目	材料	件数
动块备料图	3.1.3-7	操作	Q235	两件

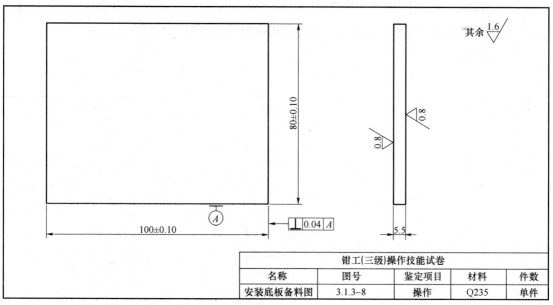

钳工(三级)操作技能试卷				
名称	图号	鉴定项目	材料	件数
安装底板备料图	3.1.3-8	操作	Q235	单件

3.1.4 双三角组合件（考核时间：420 min）

一、试题单

1. 操作条件

(1) 设备：钳工配套工具（详见鉴定所设置技术要求）。

(2) 考件备料。

(3) 操作工具、量具等。

(4) 操作者劳动防护服、鞋等穿戴齐全。

2. 操作内容

(1) 工件加工（附加工零件图，图号：3.1.4－0，3.1.4－1，3.1.4－2，3.1.4－3，3.1.4－4，3.1.4－5，3.1.4－6）。

(2) 安全文明生产。

3. 操作要求

(1) 尺寸精度、形位精度、表面粗糙度应达到图样要求。

(2) 安全文明生产

1) 正确执行安全技术操作规程。

2) 按企业有关文明生产的规定，做到工作地整洁，工件、工具摆放整齐。

三、评分表

题号：3.1.4

考件编号			鉴定日期			总得分	
鉴定时限		420 min	开始时间			鉴定实际用时	
			结束时间				

鉴定项目	序号	鉴定内容	配分	实测结果	得分	检测量具
三角块	1	$30_{-0.021}^{0}$	3			
	2	$50_{-0.025}^{0}$	3			
	3	$15_{-0.018}^{0}$（二处）	3×2			
	4	10 ± 0.08	3			
	5	25 ± 0.08	3			

鉴定项目		序号	鉴定内容	配分	实测结果	得分	检测量具
三角块		6	$\phi 10^{+0.022}_{0}$	2			
		7	$60°\pm 5'$	4			
		8	锉削表面粗糙度 $\overset{1.6}{\bigtriangledown}$ （八处）	0.5×8			
定位块		1	$55^{0}_{-0.03}$	4			
		2	$15^{0}_{-0.018}$（三处）	2×3			
		3	$35^{0}_{-0.025}$	3			
		4	$85^{0}_{-0.035}$	3			
		5	$60°\pm 5'$（二处）	4×2			
		6	55 尺寸处 $\boxed{=\ 0.03\ A}$	2			
		7	15 尺寸处 $\boxed{=\ 0.03\ A}$	2			
		8	锉削表面粗糙度 $\overset{1.6}{\bigtriangledown}$ （十二处）	0.5×12			
组合装配	装配位置 I	1	3.1.4-1 与 3.1.4-3 的配合间隙≤0.04 mm（五处）	3×5			
	装配位置 II	2	3.1.4-1 翻转 180°与 3.1.4-3 的配合间隙≤0.04 mm（五处）	3×5			
	配合后	3	配合后：$\boxed{\square\ 0.03}$（二处）	2×2			
		4	配合后：$\boxed{\square\ 0.05}$（二处）	2×2			
操作提示		1	安全文明操作				
		2	根据图样技术要求制定出合理的加工步骤				
		3	合理选择切削用量，工件表面不允许用砂纸抛光或研磨加工				
		4	不得使用夹具进行加工				
备注			检测配合精度时销钉定位				
考评员				检测员		评分员	

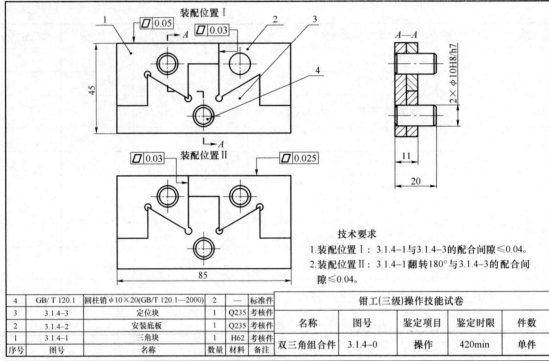

技术要求

1.装配位置Ⅰ：3.1.4-1与3.1.4-3的配合间隙≤0.04。

2.装配位置Ⅱ：3.1.4-1翻转180°与3.1.4-3的配合间隙≤0.04。

4	GB/T 120.1	圆柱销φ10×20(GB/T 120.1—2000)	2	—	标准件
3	3.1.4-3	定位块	1	Q235	考核件
2	3.1.4-2	安装底板	1	Q235	考核件
1	3.1.4-1	三角块	1	H62	考核件
序号	图号	名称	数量	材料	备注

钳工(三级)操作技能试卷				
名称	图号	鉴定项目	鉴定时限	件数
双三角组合件	3.1.4-0	操作	420min	单件

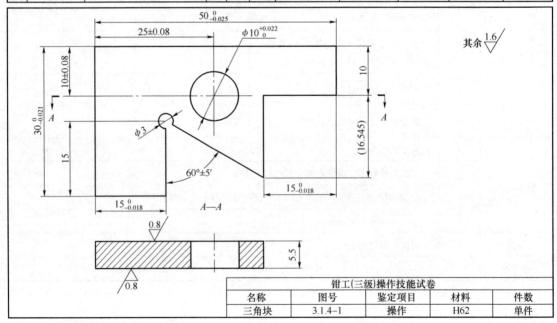

钳工(三级)操作技能试卷				
名称	图号	鉴定项目	材料	件数
三角块	3.1.4-1	操作	H62	单件

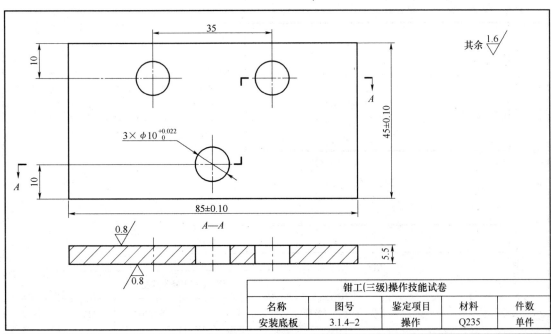

钳工(三级)操作技能试卷				
名称	图号	鉴定项目	材料	件数
安装底板	3.1.4-2	操作	Q235	单件

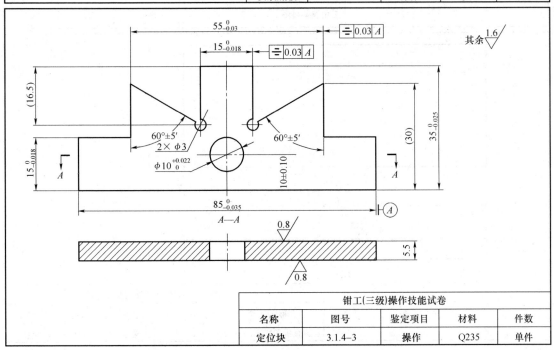

钳工(三级)操作技能试卷				
名称	图号	鉴定项目	材料	件数
定位块	3.1.4-3	操作	Q235	单件

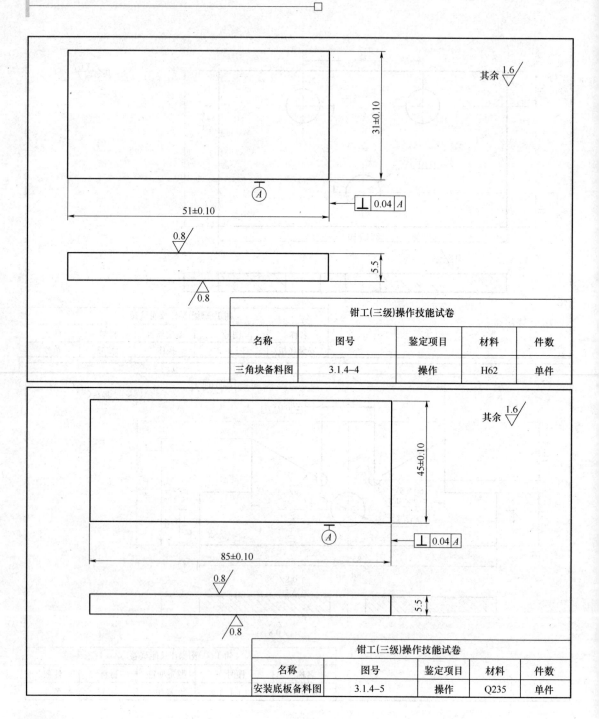

其余 1.6

31±0.10

51±0.10

⊥ 0.04 A

0.8

5.5

0.8

钳工(三级)操作技能试卷				
名称	图号	鉴定项目	材料	件数
三角块备料图	3.1.4-4	操作	H62	单件

其余 1.6

45±0.10

85±0.10

⊥ 0.04 A

0.8

5.5

0.8

钳工(三级)操作技能试卷				
名称	图号	鉴定项目	材料	件数
安装底板备料图	3.1.4-5	操作	Q235	单件

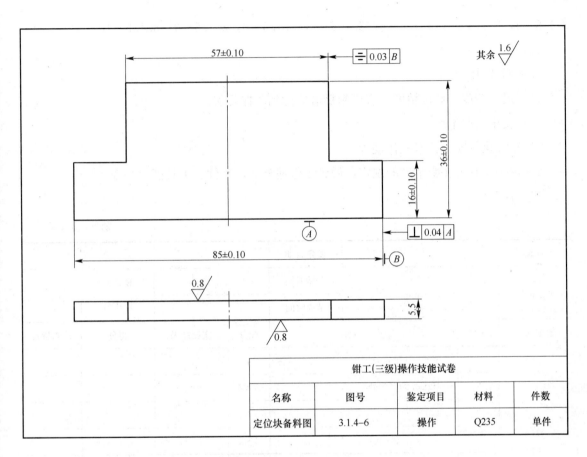

钳工(三级)操作技能试卷				
名称	图号	鉴定项目	材料	件数
定位块备料图	3.1.4–6	操作	Q235	单件

3.1.5　三棱形组合件（考核时间：420 min）

一、试题单

1. 操作条件

(1) 设备：钳工配套工具（详见鉴定所设置技术要求）。

(2) 考件备料。

(3) 操作工具、量具等。

(4) 操作者劳动防护服、鞋等穿戴齐全。

2. 操作内容

(1) 工件加工（附加工零件图，图号：3.1.5－0，3.1.5－1，3.1.5－2，3.1.5－3，

3.1.5－4，3.1.5－5，3.1.5－6，3.1.5－7，3.1.5－8，3.1.5－9，3.1.5－10）。

（2）安全文明生产。

3. 操作要求

（1）尺寸精度、形位精度、表面粗糙度应达到图样要求。

（2）安全文明生产

1）正确执行安全技术操作规程。

2）按企业有关文明生产的规定，做到工作地整洁，工件、工具摆放整齐。

三、评分表

题号：3.1.5

考件编号			鉴定日期			总得分	
鉴定时限		420 min	开始时间			鉴定实际用时	
			结束时间				
鉴定项目	序号	鉴定内容		配分	实测结果	得分	检测量具
压板	1	30 ± 0.10		4			
	2	15 ± 0.09（二处）		3×2			
	3	$120°\pm5'$		4			
	4	$40_{-0.039}^{\ 0}$（二处）		4×2			
	5	$135°\pm5'$（二处）		3×2			
	6	$\boxed{= \mid 0.03 \mid A}$		4			
	7	锉削表面粗糙度 $\sqrt{\dfrac{1.6}{}}$（四处）		0.5×4			
三棱件	1	$46.33_{-0.025}^{\ 0}$（三处）		3×3			
	2	$28_{-0.021}^{\ 0}$（三处）		4×3			
	3	$120°\pm5'$（三处）		3×3			
	4	锉削表面粗糙度 $\sqrt{\dfrac{1.6}{}}$（十二处）		0.5×12			

续表

鉴定项目	序号	鉴定内容	配分	实测结果	得分	检测量具
组合装配	1	3.1.5-3 与 3.1.5-1 的转位配合间隙≤0.04 mm（十二处）	2×12			
	2	3.1.5-4 与 3.1.5-2 的配合间隙≤0.04 mm（二处）	3×2			
操作提示	1	安全文明操作				
	2	根据图样技术要求制定出合理的加工步骤				
	3	合理选择切削用量，工件表面不允许用砂纸抛光或研磨加工				
	4	不得使用夹具进行加工				
备注		检测配合精度时销钉定位及螺钉全部紧固				
考评员			检测员		评分员	

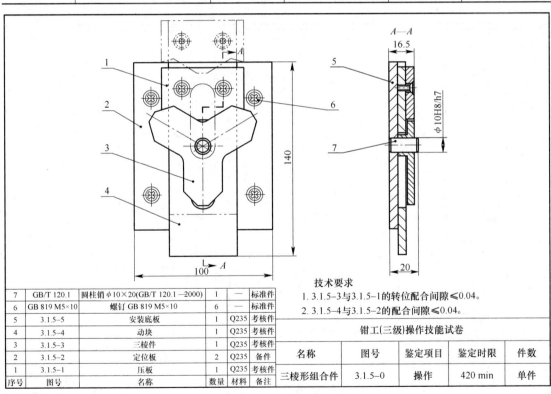

技术要求

1. 3.1.5-3 与 3.1.5-1 的转位配合间隙≤0.04。
2. 3.1.5-4 与 3.1.5-2 的配合间隙≤0.04。

钳工(三级)操作技能试卷

名称	图号	鉴定项目	鉴定时限	件数
三棱形组合件	3.1.5-0	操作	420 min	单件

7	GB/T 120.1	圆柱销 φ10×20(GB/T 120.1－2000)	1	—	标准件
6	GB 819 M5×10	螺钉 GB 819 M5×10	6	—	标准件
5	3.1.5-5	安装底板	1	Q235	考核件
4	3.1.5-4	动块	1	Q235	考核件
3	3.1.5-3	三棱件	1	Q235	考核件
2	3.1.5-2	定位板	2	Q235	备件
1	3.1.5-1	压板	1	Q235	考核件
序号	图号	名称	数量	材料	备注

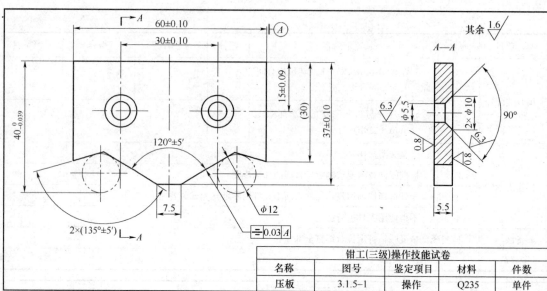

钳工(三级)操作技能试卷				
名称	图号	鉴定项目	材料	件数
压板	3.1.5-1	操作	Q235	单件

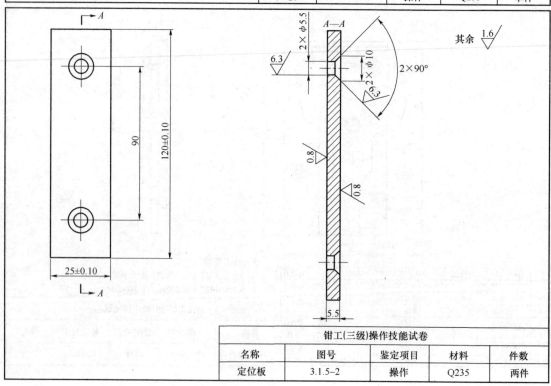

钳工(三级)操作技能试卷				
名称	图号	鉴定项目	材料	件数
定位板	3.1.5-2	操作	Q235	两件

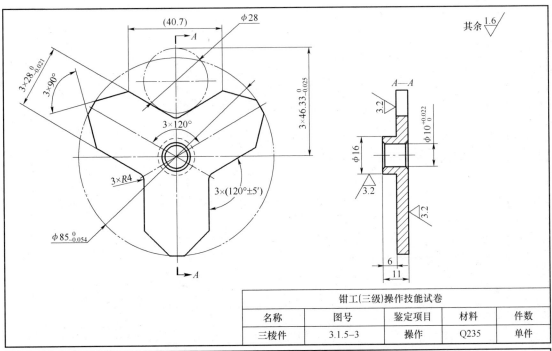

钳工(三级)操作技能试卷				
名称	图号	鉴定项目	材料	件数
三棱件	3.1.5-3	操作	Q235	单件

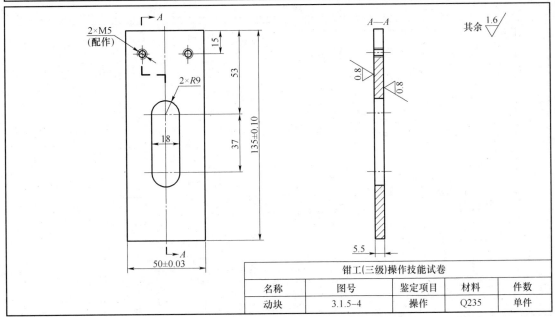

钳工(三级)操作技能试卷				
名称	图号	鉴定项目	材料	件数
动块	3.1.5-4	操作	Q235	单件

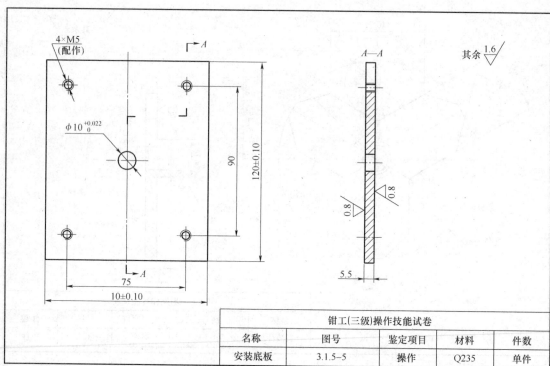

钳工(三级)操作技能试卷				
名称	图号	鉴定项目	材料	件数
安装底板	3.1.5−5	操作	Q235	单件

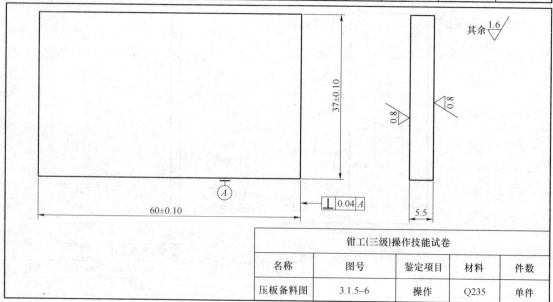

钳工(三级)操作技能试卷				
名称	图号	鉴定项目	材料	件数
压板备料图	3.1.5−6	操作	Q235	单件

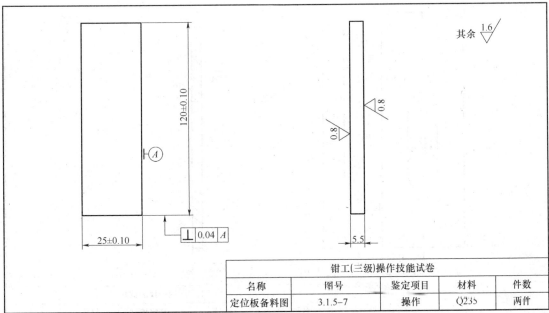

钳工(三级)操作技能试卷				
名称	图号	鉴定项目	材料	件数
定位板备料图	3.1.5–7	操作	Q235	两件

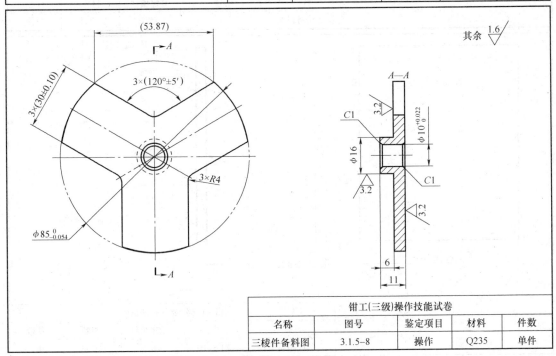

钳工(三级)操作技能试卷				
名称	图号	鉴定项目	材料	件数
三棱件备料图	3.1.5–8	操作	Q235	单件

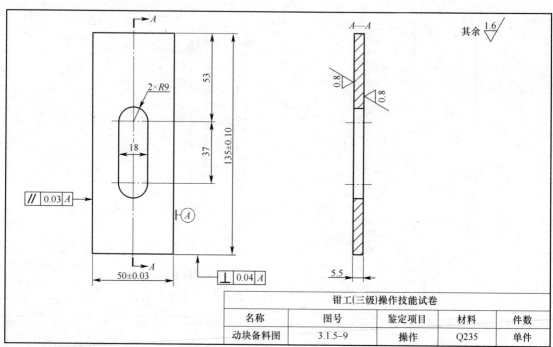

钳工(三级)操作技能试卷				
名称	图号	鉴定项目	材料	件数
动块备料图	3.1.5-9	操作	Q235	单件

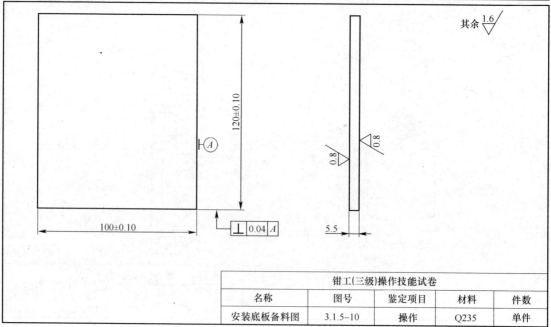

钳工(三级)操作技能试卷				
名称	图号	鉴定项目	材料	件数
安装底板备料图	3.1.5-10	操作	Q235	单件

3.1.6 单槽角度组合件（考核时间：420 min）

一、试题单

1. 操作条件

(1) 设备：钳工配套工具（详见鉴定所设置技术要求）。

(2) 考件备料。

(3) 操作工具、量具等。

(4) 操作者劳动防护服、鞋等穿戴齐全。

2. 操作内容

(1) 工件加工（附加工零件图，图号：3.1.6 - 0，3.1.6 - 1，3.1.6 - 2，3.1.6 - 3，3.1.6 - 4，3.1.6 - 5，3.1.6 - 6）。

(2) 安全文明生产。

3. 操作要求

(1) 尺寸精度、形位精度、表面粗糙度应达到图样要求。

(2) 安全文明生产

1) 正确执行安全技术操作规程。

2) 按企业有关文明生产的规定，做到工作地整洁，工件、工具摆放整齐。

三、评分表

题号：3.1.6

考件编号			鉴定日期		总得分	
鉴定时限		420 min	开始时间		鉴定实	
			结束时间		际用时	
鉴定项目	序号	鉴定内容		配分	实测结果	得分	检测量具
单槽角度块	1	$45_{-0.025}^{0}$		4			
	2	25 ± 0.02		3			
	3	$22_{-0.021}^{0}$		4			
	4	18 ± 0.08		3			

鉴定项目	序号	鉴定内容	配分	实测结果	得分	检测量具
单槽角度块	5	$120°\pm5'$	4			
	6	$\phi10^{+0.022}_{0}$	2			
	7	锉削表面粗糙度 $\sqrt{\dfrac{1.6}{}}$ （七处）	1×7			
定位板	1	$45^{0}_{-0.025}$	4			
	2	25 ± 0.02	3			
	3	$22^{+0.021}_{0}$	4			
	4	$\boxed{= \quad 0.04 \quad A}$	4			
	5	50 ± 0.08	3			
	6	12 ± 0.08 （二处）	3×2			
	7	$\phi10^{+0.022}_{0}$ （二处）	1×2			
	8	锉削表面粗糙度 $\sqrt{\dfrac{1.6}{}}$ （八处）	0.5×8			
安装底板	1	40 ± 0.08	3			
	2	38 ± 0.08	3			
	3	$\phi10^{+0.022}_{0}$ （三处）	1×3			
组合装配	1	3.1.6-1 与 3.1.6-2 的配合间隙≤0.04 mm（五处）	3×5			
	2	3.1.6-1 翻转180°与 3.1.6-2 的配合间隙≤0.04 mm（五处）	3×5			
	3	装配后 $\boxed{\square \quad 0.04}$ （二处）	2×2			
操作提示	1	安全文明操作				
	2	根据图样技术要求制定出合理的加工步骤				
	3	合理选择切削用量，工件表面不允许用砂纸抛光或研磨加工				
	4	不得使用夹具进行加工				
备注		检测配合精度时销钉定位				
考评员			检测员		评分员	

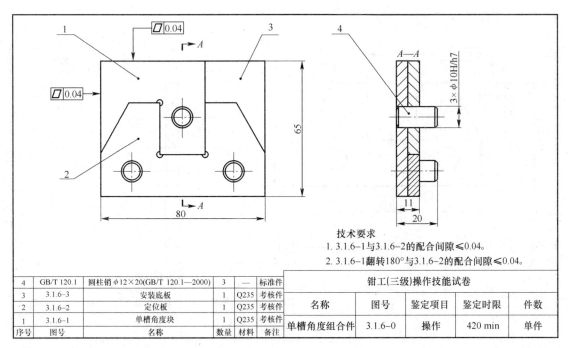

技术要求
1. 3.1.6-1 与 3.1.6-2 的配合间隙≤0.04。
2. 3.1.6-1 翻转 180°与 3.1.6-2 的配合间隙≤0.04。

4	GB/T 120.1	圆柱销 φ12×20(GB/T 120.1—2000)	3	—	标准件
3	3.1.6-3	安装底板	1	Q235	考核件
2	3.1.6-2	定位板	1	Q235	考核件
1	3.1.6-1	单槽角度块	1	Q235	考核件
序号	图号	名称	数量	材料	备注

钳工(三级)操作技能试卷				
名称	图号	鉴定项目	鉴定时限	件数
单槽角度组合件	3.1.6-0	操作	420 min	单件

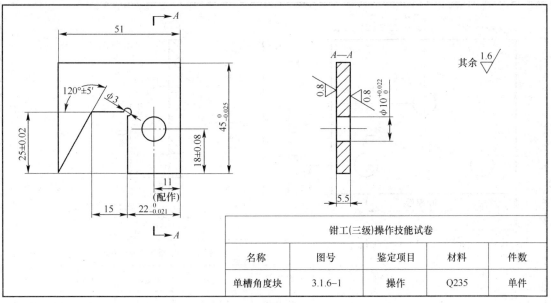

钳工(三级)操作技能试卷				
名称	图号	鉴定项目	材料	件数
单槽角度块	3.1.6-1	操作	Q235	单件

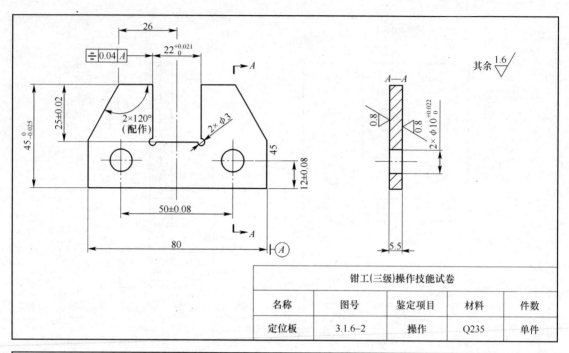

钳工(三级)操作技能试卷				
名称	图号	鉴定项目	材料	件数
定位板	3.1.6–2	操作	Q235	单件

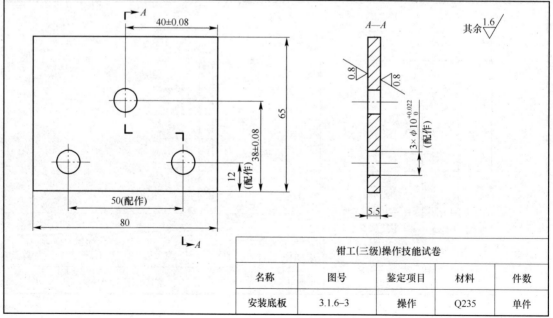

钳工(三级)操作技能试卷				
名称	图号	鉴定项目	材料	件数
安装底板	3.1.6–3	操作	Q235	单件

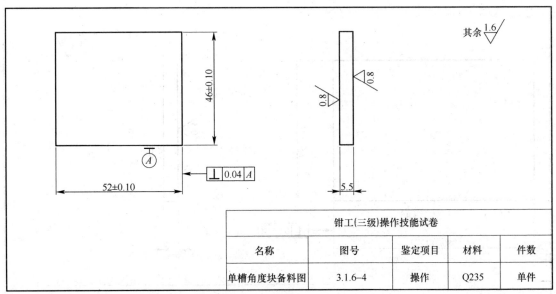

其余 1.6 ▽

钳工(三级)操作技能试卷				
名称	图号	鉴定项目	材料	件数
单槽角度块备料图	3.1.6–4	操作	Q235	单件

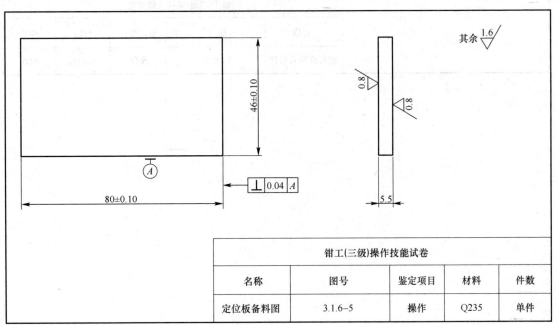

其余 1.6 ▽

钳工(三级)操作技能试卷				
名称	图号	鉴定项目	材料	件数
定位板备料图	3.1.6–5	操作	Q235	单件

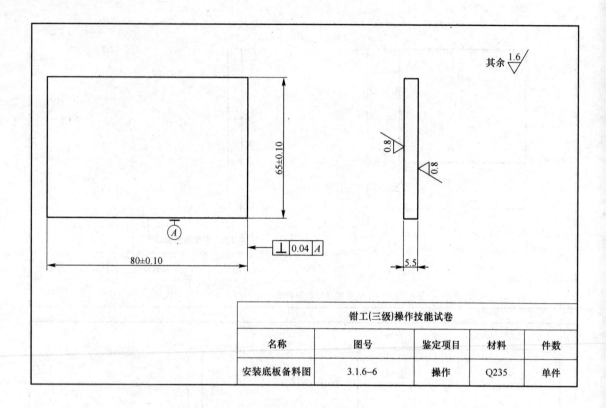

钳工(三级)操作技能试卷				
名称	图号	鉴定项目	材料	件数
安装底板备料图	3.1.6–6	操作	Q235	单件

第3部分
操作技能考核模拟试卷

注 意 事 项

1. 考生根据操作技能考核通知单中所列的试题做好考核准备。

2. 请考生仔细阅读试题单中具体考核内容和要求，并按要求完成操作或进行笔答，若有笔答请考生在答题卷上完成。

3. 操作技能考核时要遵守考场纪律，服从考场管理人员指挥，并保证考核过程安全和文明操作。

注：操作技能鉴定试题评分表是考评员对考生考核过程及考核结果的评分记录表，也是评分依据。

国家职业资格鉴定
钳工（三级）模块考核通知单

姓名：

准考证号：

考核日期：

模块 1

试题代码：1.1.1-1

试题名称：蜗杆轴（一）

考核时间：150 min

配分：100 分

模块 2

试题代码：2.1.1

试题名称：弯板机构

考核时间：60 min

配分：100 分

模块 3

试题代码：3.1.1

试题名称：三棱定位组合件

考核时间：420 min

配分：100 分

钳工（三级）操作技能鉴定

模块 1 试题单

试题代码：1.1.1-1

试题名称：蜗杆轴

考核时间：150 min

1. 背景资料

蜗杆轴实物测绘件，其编号为 1.1.1-1。

2. 试题要求

（1）机构与机械零件知识题

（2）零件测绘

1）根据实物零件绘制能直接进行生产的图样。

2）实测尺寸应按标准的尺寸精度标注，偏差应按零件实际工作要求确定，同时应考虑经济性。

3）表面粗糙度等级应按零件实际工作要求确定，同时应考虑经济性。

4）图样上主要表面形位公差的标注不得少于 3 项。

5）分析零件并提出合理的技术要求（选用材料、热处理等）。

钳工（三级）操作技能鉴定

模块 1 答题卷

试题代码：1.1.1-1

试题名称：蜗杆轴

考生姓名：　　　　　　　　　准考证号：

考核时间：150 min

1. 机构与机械零件知识题

（1）是非辨析题（对√错×，错题需改正，每小题 3 分，共 6 分）

1）蜗杆传动中，正确啮合条件之一是蜗杆导程角等于蜗轮螺旋角，且旋向相反。（　　）

改正：_____

2）蜗杆蜗轮的设计计算都是以中间平面的参数和几何关系为基准的。（　　）

改正：_____

（2）填空题（每空格 2 分，共 10 分）

1）蜗杆传动机构由_____、_____和_____组成。

2）蜗杆传动中轮齿的失效形式和齿轮传动相似。其中，闭式传动容易出现_____，而开式传动主要是_____。

（3）分析题（14 分）

凸轮的轮廓为一整圆，从动杆对心设置，$R=260$ mm，$OA=120$ mm，A 为几何中心，

O 为转动中心，滚子半径 $r_g = 20$ mm。

求：（1）从动杆的最大位移量 S（行程）。

（2）作出图中从动杆的压力角位置，用 α 表示。

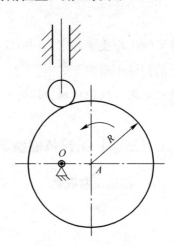

2. 蜗杆轴零件测绘

模数	
头数	
压力角	
旋向	
精度	

钳工（三级）操作技能鉴定

模块 1 试题评分表

试题代码：1.1.1-1

试题名称：蜗杆轴（一）

考生姓名： 准考证号：

考核时间：150 min

蜗杆轴评分表

序号	评价要素	配分	说明	结果记录	得分
1	草图绘制清晰、无遗漏	13	错、漏一处扣 5 分		
2	蜗杆模数确定正确	5	错误一处扣 5 分		
3	蜗杆主要参数、标注准确合理	8	错、漏一处扣 4 分		
4	实测尺寸圆整正确	3	错、漏一处扣 2 分		
5	公差等级选用合理	6	错、漏一处扣 2 分		
6	形位公差选用合理	8	错、漏一处扣 2 分		
7	形位公差标注规范	5	错、漏一处扣 2 分		
8	表面粗糙度等级选用合理	4	错、漏一处扣 2 分		
9	表面粗糙度标注规范	4	错、漏一处扣 2 分		
10	材料确定适当	3	错误一处扣 3 分		
11	技术要求内容合理、正确	8	错、漏一处扣 3 分		
12	基准选择合理、标注规范	3	错、漏一处扣 2 分		
13	机构与机械零件知识题	30			
合　计		100			

考评员（签名）：

钳工（三级）操作技能鉴定

模块 2 试题单

试题代码：2.1.1

试题名称：弯板机构液压控制回路

考生姓名：　　　　　　　　准考证号：

考核时间：60 min

1. 背景资料

如下图所示为液压弯板机构，手动操作液压缸垂直往复运动，通过顶杆将工件弯曲，然后快速退回。

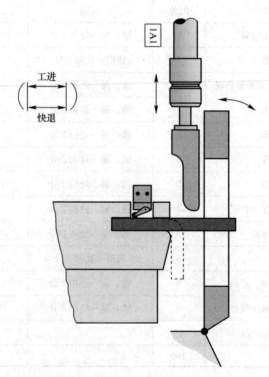

2. 试题要求

（1）回答液压气动控制技术相关知识题。

（2）根据考题说明，设计液压系统控制回路图。

（3）用实物搭接出正确的系统控制回路，并进行调试。

钳工（三级）操作技能鉴定

模块 2 答题卷

试题代码：2.1.1

试题名称：弯板机构液压控制回路

考生姓名：　　　　　　　　　　准考证号：

考核时间：60 min

1. 回答相关知识题

（1）什么是液压传动中的沿程损失和局部压力损失，产生的原因是什么？（10 分）

（2）简述气动控制回路中，进气节流与排气节流的特点？（10 分）

2. 画出系统控制回路图

钳工（三级）操作技能鉴定

模块2试题评分表

试题代码：2.1.1

试题名称：弯板机构液压控制回路

考生姓名：　　　　　　　　准考证号：

考核时间：60 min

弯板机构液压控制回路评分表

评价要素	配分	说明	结果记录	得分
1. 回答相关知识题	20			
相关知识题	20	每题10分		
2. 设计系统控制回路图	55			
系统控制回路图与文字表述相符	10			
系统控制回路图与给定的工作场景相符	15	规范、合理、正确		
系统控制回路中元件的职能符号	10	规范、合理、正确		
系统控制回路中的管路	10	规范、合理、正确		
系统控制回路图	10	规范、合理、正确		
3. 实物搭接	25			
元件选择正确	5			
元件接口分辨正确	5			
整体回路连接正确	10			
整体回路动作正确	5			
合　　计	100			

考评员（签名）：

备注：1. 过程记录由考评员当场如实记录。

　　　2. 每提示一次扣10分。

钳工（三级）操作技能鉴定

模块 3 试题单

试题代码：3.1.1

试题名称：三棱定位件

考生姓名：   准考证号：

考核时间：420 min

1. 操作条件

(1) 设备：钳工配套工具（详见鉴定所设置技术要求）。

(2) 考件备料。

(3) 操作工具、量具等。

(4) 操作者劳动防护服、鞋等穿戴齐全。

2. 操作内容

(1) 工件加工（附加工零件图，图号：3.1.1 - 0，3.1.1 - 1，3.1.1 - 2，3.1.1 - 3，3.1.1 - 4，3.1.1 - 5，3.1.1 - 6)。

(2) 安全文明生产。

3. 操作要求

(1) 尺寸精度、形位精度、表面粗糙度应达到图样要求。

(2) 安全文明生产

1) 正确执行安全技术操作规程。

2) 按企业有关文明生产的规定，做到工作地整洁，工件、工具摆放整齐。

钳工（三级）操作技能鉴定

模块 3 试题评分表

题号：3.1.1

考件编号			鉴定日期		总得分	
鉴定时限		420 min	开始时间		鉴定实	
			结束时间		际用时	
鉴定项目	序号	鉴定内容	配分	实测结果	得分	检测量具
三棱件	1	$22.93_{-0.021}^{0}$（三处）	2×3			
	2	$15_{-0.018}^{0}$（三处）	2×3			
	3	$120°\pm10'$（三处）	2×3			
	4	$60°\pm8'$（三处）	2×3			
	5	☰ 0.02 A（三处）	2×3			
	6	▱ 0.02（三处）	2×3			
	7	锉削表面粗糙度 $\sqrt{1.6}$（十二处）	0.5×12			
压块	1	$25_{-0.021}^{0}$（两处）	2×4			
	2	12.5 ± 0.09（两处）	2×2			
	3	38 ± 0.08	3			
	4	锉削表面粗糙度 $\sqrt{1.6}$（四处）	0.5×4			
组合装配	1	3.1.1-1 与 3.1.1-2 的转位配合间隙≤0.04 mm（十二处）	3×12			
	2	装配后：∥ 0.05 A	5			
操作提示	1	安全文明操作				
	2	根据图样技术要求制定出合理的加工步骤				
	3	合理选择切削用量，工件表面不允许用砂纸抛光或研磨加工				
	4	不得使用夹具进行加工				
备注		检测配合精度时销钉定位及螺钉全部紧固				
考评员			检测员		评分员	

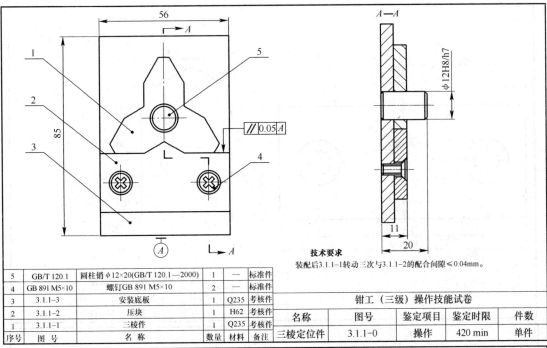

技术要求

装配后3.1.1–1转动三次与3.1.1–2的配合间隙≤0.04mm。

5	GB/T 120.1	圆柱销 φ12×20(GB/T 120.1—2000)	1	—	标准件
4	GB 891 M5×10	螺钉GB 891 M5×10	2	—	标准件
3	3.1.1–3	安装底板	1	Q235	考核件
2	3.1.1–2	压块	1	H62	考核件
1	3.1.1–1	三棱件	1	Q235	考核件
序号	图 号	名 称	数量	材料	备注

钳工（三级）操作技能试卷				
名称	图号	鉴定项目	鉴定时限	件数
三棱定位件	3.1.1–0	操作	420 min	单件

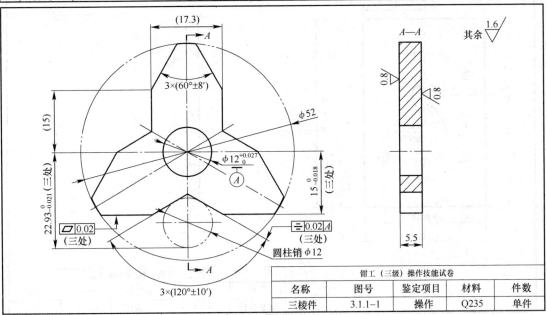

钳工（三级）操作技能试卷				
名称	图号	鉴定项目	材料	件数
三棱件	3.1.1–1	操作	Q235	单件

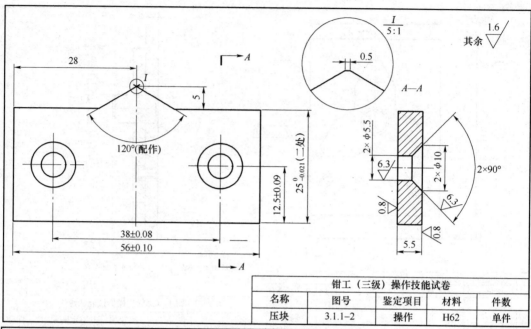

钳工（三级）操作技能试卷				
名称	图号	鉴定项目	材料	件数
压块	3.1.1-2	操作	H62	单件

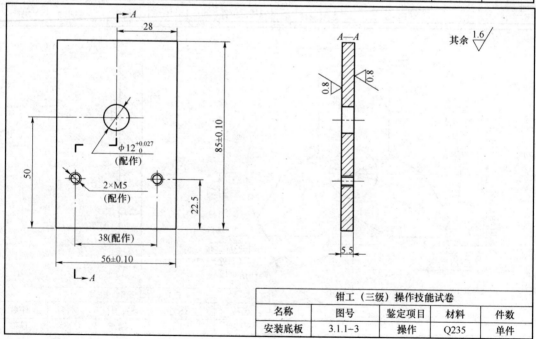

钳工（三级）操作技能试卷				
名称	图号	鉴定项目	材料	件数
安装底板	3.1.1-3	操作	Q235	单件

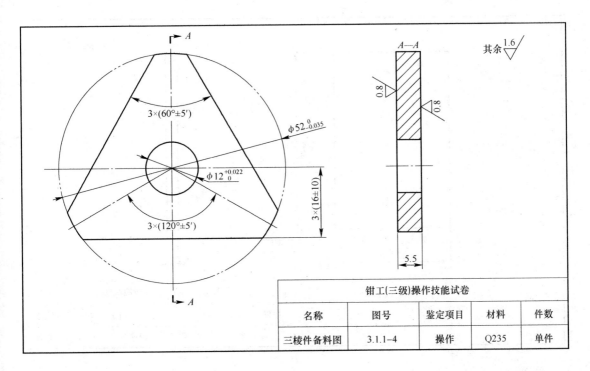

其余 1.6

钳工(三级)操作技能试卷				
名称	图号	鉴定项目	材料	件数
三棱件备料图	3.1.1-4	操作	Q235	单件

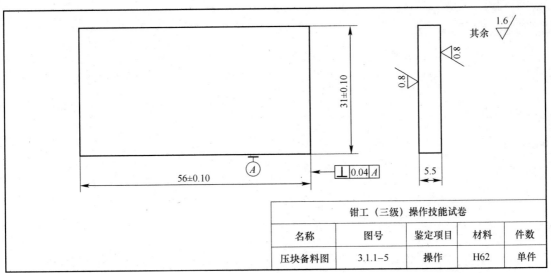

其余 1.6

钳工（三级）操作技能试卷				
名称	图号	鉴定项目	材料	件数
压块备料图	3.1.1-5	操作	H62	单件

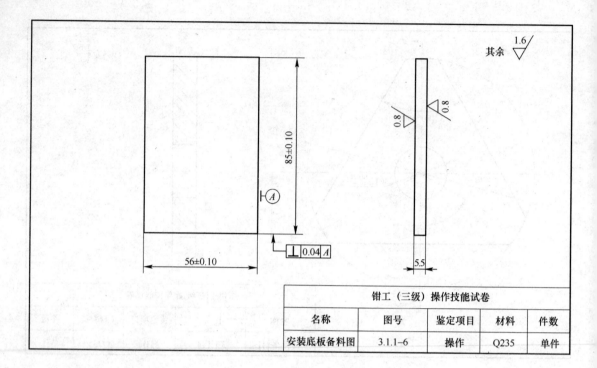

钳工（三级）操作技能试卷				
名称	图号	鉴定项目	材料	件数
安装底板备料图	3.1.1–6	操作	Q235	单件